安全生产"谨"上添花图文知识系列手册

危险化学品储存与使用安全生产宣传教育手册

东方文慧　中国安全生产科学研究院　编

中国劳动社会保障出版社

图书在版编目(CIP)数据

危险化学品储存与使用安全生产宣传教育手册/东方文慧,中国安全生产科学研究院编. —北京:中国劳动社会保障出版社,2014

(安全生产"谨"上添花图文知识系列手册)

ISBN 978 - 7 - 5167 - 1239 - 9

I.①危… Ⅱ.①东…②中… Ⅲ.①化工产品-危险物品管理-安全技术-手册②化工产品-危险品-安全生产-手册 Ⅳ.①TQ086.5-62

中国版本图书馆 CIP 数据核字(2014)第 120662 号

中国劳动社会保障出版社出版发行

(北京市惠新东街 1 号 邮政编码:100029)

*

北京市艺辉印刷有限公司印刷装订 新华书店经销

880 毫米×1230 毫米 32 开本 3.25 印张 60 千字

2014 年 6 月第 1 版 2023 年11月第 8 次印刷

定价:20.00 元

营销中心电话:400-606-6496

出版社网址:http://www.class.com.cn

编委会名单

前言

　　生产经营单位发生的大量事故，促使人们探求事故发生的原因及规律，建立事故发生的模型，以指导事故的预防，减少或避免事故的发生，于是就有了事故致因理论。

　　各种事故致因理论几乎都有一个共识：人的不安全行为与物的不安全状态是事故的直接原因。无知者无畏，不知道危险是最大的危险。人为失误、违章操作是安全生产的大敌。有资料表明，工矿企业80%以上的事故是由于违章引起的。因此，即使在现有的设备设施状况、作业环境、管理水平下，如果大幅度减少违章，安全生产状况也会有显著改善。

　　作业人员遵章守纪，是安全生产的重要前提之一，其重要性不言而喻。企业员工要具备与自己的工作岗位相适应的生理、心理与行为条件，要具有熟练的操作技能，还应具备故障监测与排除、事故辨识与应急操作、事故应急救援等技能。这就是打造所谓"本质安全人"的基本要求，这也是企业面临的重要而艰巨的任务。

　　多年来，东方文慧为"本质安全人"奉献了大量优秀的安全文化产品。"安全生产'谨'上添花图文知识系列手册"的策划出版，是一件十分有意义的事情。系列手册内容翔实，图文并茂，通俗易懂，是企事业单位安全生产培训与宣教以及职工自主学习的优

1

秀资源。

我相信，企业职工通过对书中安全生产知识的学习，安全素质将会得到有益的提升，为做好企业的安全生产工作增砖添瓦。我愿意将系列手册推荐给广大职工，同时将我的祝福送给各位朋友：平安相随，幸福相伴！

赵云胜

目 录

第一章

危险化学品相关法律、法规基础知识

第一节　危险化学品相关法律、法规概述

一、安全生产法律体系的构成

我国安全生产法律体系是包含多种法律形式和法律层次的综合性系统，主要有安全生产法律法规基础的宪法规范、行政法律规范、技术性法律规范、程序性法律规范。

（1）《宪法》。《宪法》是安全生产法律体系框架的最高层级，"加强劳动保护、改善劳动条件"是有关安全生产方面的最高法律效力的规定。

（2）安全生产方面的法律。基础法有《安全生产法》和与它平行的专门法律和相关法律。专门法律有《消防法》《道路交通安全法》等。相关法律有《劳动法》《职业病防治法》等。

还有一些与安全生产监督执法工作有关的法律，如《刑法》等。

（3）安全生产行政法规有《危险化学品安全管理条例》等。

（4）地方性安全生产法规是由有立法权的地方权力机关制定的安全规范性文件。

（5）部门安全生产规章和地方政府安全生产规章。

（6）安全生产标准。

（7）已批准的国际劳工安全公约。

二、危险化学品主要相关法律法规

1.《宪法》

《宪法》第四十二条规定，中华人民共和国公民有劳动的权利和义务。

国家通过各种途径，创造劳动就业条件，加强劳动保护，改善劳动条件，并在发展生产的基础上，提高劳动报酬和福利待遇。

劳动是一切有劳动能力的公民的光荣职责。国有企业和城乡集体经济组织的劳动者都应当以国家主人翁的态度对待自己的劳动。国家提倡社会主义劳动竞赛，奖励劳动模范和先进工作者。国家提倡公民从事义务劳动。

《宪法》第四十三条规定，中华人民共和国劳动者有休息的权利。

国家发展劳动者休息和休养的设施，规定职工的工作时间和休假制度。

《宪法》第四十八条规定，中华人民共和国妇女在政治的、经济的、文化的、社会的和家庭的生活等各方面享有同男子平等的权利。

2. 《劳动法》

《劳动法》是国家为了保护劳动者的合法权益，调整劳动关系，建立和维护适应社会主义市场经济的劳动制度，促进经济发展和社会进步，根据宪法而制定颁布的法律。从狭义上讲，我国《劳动法》是指 1994 年 7 月 5 日第八届全国人民代表大会常务委员会第 8 次会议通过，1995 年 1 月 1 日起施行的《中华人民共和国劳动法》；从广义上讲，劳动法是调整劳动关系的法律法规，以及调整与劳动关系密切相关的其他社会关系的法律规范的总称。

《劳动法》作为维护人权、体现人本关怀的一项基本法律，在西方甚至被称为第二宪法。

其内容主要包括：劳动者的主要权利和义务；劳动就业方针政策及录用职工的规定；劳动合同的订立、变更与解除程序的规定；

集体合同的签订与执行办法；工作时间与休息时间制度；劳动报酬制度；劳动卫生和安全技术规程等。

3.《安全生产法》

《安全生产法》是我国第一部有关安全生产管理的综合性法律，自提出立法建议到出台经历了 21 年的历程。它的出台标志着我国安全生产的法制化建设进入了一个新的阶段。《中华人民共和国安全生产法》于 2002 年 6 月 29 日第九届全国人民代表大会常务委员会第 28 次会议通过，共分七章九十七条，自 2002 年 11 月 1 日起施行。这部重要法律的颁布施行，对于依法加强安全生产监督管理，防止和减少生产安全事故，保障人民群众生命和财产安全，促进经济发展，有着重要意义。

4.《职业病防治法》

为预防、控制和消除职业病危害，防治职业病，保护劳动者健康及其相关权益，促进经济发展，根据宪法制定了《职业病防治法》。《职业病防治法》经 2001 年 10 月 27 日第九届全国人大常委会第 24 次会议通过；根据 2011 年 12 月 31 日第十一届全国人大常委会第 24 次会议《关于修改〈中华人民共和国职业病防治法〉的决定》修正。《职业病防治法》分总则、前期预防、劳动过程中的防护与管理、职业病诊断与职业病病人保障、监督检查、法律责任、附则七章九十条，自 2011 年 12 月 31 日起施行。

5.《使用有毒物品作业场所劳动保护条例》

《使用有毒物品作业场所劳动保护条例》于 2002 年 4 月 30 日

国务院第 57 次常务会议通过，并以国务院令第 352 号公布、施行。该条例共有八章七十一条，条例制定的目的是保证作业场所安全使用有毒品，预防、控制和消除职业中毒危害，保护劳动者的生命安全、身体健康及其相关权益。

6.《工伤保险条例》

为了保障因工作遭受事故伤害或者患职业病的职工获得医疗救治和经济补偿，促进工伤预防和职业康复，分散用人单位的工伤风险，制定该条例并于 2004 年 1 月 1 日起施行。自施行以来，对于及时救治和补偿受伤职工，保障工伤职工的合法权益，分散用人单位的工伤风险，发挥了重要作用。

2010 年 12 月 8 日国务院第 136 次常务会议通过《国务院关于修改〈工伤保险条例〉的决定》，并予以公布，自 2011 年 1 月 1 日起施行。

7. 《安全生产许可证条例》

《安全生产许可证条例》是为了严格规范安全生产条件，进一步加强安全生产监督管理，防止和减少生产安全事故，根据《中华人民共和国安全生产法》的有关规定制定的条例。中华人民共和国国务院令第 397 号颁布，自 2004 年 1 月 13 日起正式施行。

8. 《危险化学品安全管理条例》

《危险化学品安全管理条例》于 2002 年 1 月 9 日国务院第 52 次常务会议通过，自 2002 年 3 月 15 日起施行。2011 年 2 月 16 日国务院第 144 次常务会议修订通过，自 2011 年 12 月 1 日起施行。在中华人民共和国境内生产、经营、储存、运输、使用危险化学品和处置废弃危险化学品，必须遵守该条例和国家有关安全生产的法律、其他行政法规的规定。

第二节 《危险化学品安全管理条例》关于危险化学品安全使用、储存的规定

一、布局合理

（1）地方人民政府组织编制城乡规划，应当根据本地区的实际情况，按照确保安全的原则，规划适当区域专门用于危险化学

品的使用、储存。

（2）新建、改建、扩建储存危险化学品的建设项目（以下简称建设项目），应当由安全生产监督管理部门进行安全条件审查。

（3）建设单位应当对建设项目进行安全条件论证，委托具备国家规定的资质条件的机构对建设项目进行安全评价，并将安全条件论证和安全评价的情况报告报建设项目所在地设区的市级以上人民政府安全生产监督管理部门；安全生产监督管理部门应当自收到报告之日起45日内做出审查决定，并书面通知建设单位。

（4）新建、改建、扩建储存、装卸危险化学品的港口建设项目，由港口行政管理部门按照国务院交通运输主管部门的规定进行安全条件审查。

二、管道标准

（1）储存危险化学品的单位，应当对其铺设的危险化学品管道设置明显标志，并对危险化学品管道定期检查、检测。

（2）进行可能危及危险化学品管道安全的施工作业，施工单位应当在开工的 7 日前书面通知管道所属单位，并与管道所属单位共同制定应急预案，采取相应的安全防护措施。管道所属单位应当指派专门人员到现场进行管道安全保护指导。

三、安全许可

（1）负责颁发危险化学品安全生产许可证、工业产品生产许可证的部门，应当将其颁发许可证的情况及时向同级工业和信息化主管部门、环境保护主管部门和公安机关通报。

（2）使用、储存危险化学品的单位转产、停产、停业或者解散的，应当采取有效措施，及时、妥善处置其危险化学品生产装置、储存设施以及库存的危险化学品，不得丢弃危险化学品；处置方案应当报所在地县级人民政府安全生产监督管理部门、工业和信息化主管部门、环境保护主管部门和公安机关备案。安全生产监督管理部门应当会同环境保护主管部门和公安机关对处置情况进行监督检查，发现未依照规定处置的，应当责令其立即处置。

四、安全储运

（1）运输危险化学品的船舶及其配载的容器，应当按照国家船舶检验规范进行生产，并经海事管理机构认定的船舶检验机构检验合格，方可投入使用。

危险化学品生产装置或者储存数量构成重大危险源的危险化学品储存设施（运输工具加油站、加气站除外），与下列场所、设施、区域的距离应当符合国家有关规定：

1）居住区以及商业中心、公园等人员密集场所；

2）学校、医院、影剧院、体育场（馆）等公共设施；

3）饮用水源、水厂以及水源保护区；

4）车站、码头（依法经许可从事危险化学品装卸作业的除外）、机场以及通信干线、通信枢纽、铁路线路、道路交通干线、水路交通干线、地铁风亭以及地铁站出入口；

5）基本农田保护区、基本草原、畜禽遗传资源保护区、畜禽规模化养殖场（养殖小区）、渔业水域以及种子、种畜禽、水产苗种生产基地；

6）河流、湖泊、风景名胜区、自然保护区；

7）军事禁区、军事管理区；

8）法律、行政法规规定的其他场所、设施、区域。

（2）已建的危险化学品生产装置或者储存数量构成重大危险源的危险化学品储存设施不符合前款规定的，由所在地设区的市级人民政府安全生产监督管理部门会同有关部门监督其所属单位在规定期限内进行整改；需要转产、停产、搬迁、关闭的，由本级人民政府决定并组织实施。

储存数量构成重大危险源的危险化学品储存设施的选址，应当避开地震活动断层和容易发生洪灾、地质灾害的区域。

（3）储存危险化学品的单位，应当根据其储存的危险化学品的种类和危险特性，在作业场所设置相应的监测、监控、通风、防晒、调温、防火、灭火、防爆、泄压、防毒、中和、防潮、防雷、防静电、防腐、防泄漏以及防护围堤或者隔离操作等安全设施、设备，并按照国家标准、行业标准或者国家有关规定对安全设施、设备进行经常性维护、保养，保证安全设施、设备的正常使用。

（4）储存危险化学品的单位，应当在其作业场所和安全设施、设备上设置明显的安全警示标志。

储存危险化学品的单位，应当在其作业场所设置通信、报警装置，并保证处于适用状态。

五、安全评审

（1）储存危险化学品的企业，应当委托具备国家规定的资质条件的机构，对本企业的安全生产条件每3年进行一次安全评价，提出安全评价报告。安全评价报告的内容应当包括对安全生产条件存在的问题进行整改的方案。

（2）储存危险化学品的企业，应当将安全评价报告以及整改方案的落实情况报所在地县级人民政府安全生产监督管理部门备案。在港区内储存危险化学品的企业，应当将安全评价报告以及整改方案的落实情况报港口行政管理部门备案。

六、仓库安全

（1）危险化学品应当储存在专用仓库、专用场地或者专用储存室（以下统称专用仓库）内，并由专人负责管理；剧毒化学品以及储存数量构成重大危险源的其他危险化学品，应当在专用仓库内单独存放，并实行双人收发、双人保管制度。

（2）危险化学品的储存方式、方法以及储存数量应当符合国家标准或者国家有关规定。

（3）储存危险化学品的单位应当建立危险化学品出入库核查、登记制度。

（4）对剧毒化学品以及储存数量构成重大危险源的其他危险化学品，储存单位应当将其储存数量、储存地点以及管理人员的情况，报所在地县级人民政府安全生产监督管理部门（在港区内储存的，报港口行政管理部门）和公安机关备案。

（5）危险化学品专用仓库应当符合国家标准、行业标准的要求，并设置明显的标志。储存剧毒化学品、易制爆危险化学品的专用仓库，应当按照国家有关规定设置相应的技术防范设施。

（6）储存危险化学品的单位应当对其危险化学品专用仓库的安全设施、设备定期进行检测、检验。

第三节　危险化学品安全标准

一、国际危险化学品相关标准

各种元素（也称化学元素）、由元素组成的化合物和混合物，无论是天然的还是人造的，都属于化学品。

目前全世界已有的化学品多达 700 万种，其中已作为商品上市的有 10 万余种，经常使用的有 7 万多种，现在每年全世界新出现化学品有 1 000 多种。随着化学品贸易全球化，以及各国为了保障化学品的安全使用、安全运输与安全废弃的需要，建立一个全球一致化的化学品分类体系成为必然。

1992 年联合国环境和发展会议（UNCED）推荐了《全球化学品统一分类和标签制度》（GHS）。GHS 的目的在于通过提供一种都能理解的国际系统来表述化学品的危害，提高对人类和环境的保护，为尚未制定相关系统的国家提供一种公认的系统框架，同时可以减少对化学品的测试和评估，并且有利于化学品的国际贸易。

联合国的 GHS 制度，是在各国政府为降低化学品产生的危害，保障人民的生命和财产安全而纷纷推出各种管理制度的情况下应运而生的，是各国按全球统一的观点科学地处置化学品的指导性文本。作为一项旨在保护人类健康与生态环境的全球统一制度，全球化学品统一分类和标签制度（简称 GHS）已被用于指导各国制定化学品管理战略。

2002 年 9 月，联合国召开可持续发展各国首脑会议，会议鼓励各国尽快实施《化学品分类及标记全球协调制度》（GHS），提出 2008 年前各国实施 GHS 的工作计划。

2003 年 GHS 发布第一版；2005 年、2007 年、2009 年分别进行了第一次、第二次和第三次修订。

二、我国对危险化学品的标准制定

2006 年 10 月 24 日，我国参照 GHS 标准第一版编制发布化学品分类、警示标签和警示性说明安全规范系列标准共计 26 个（GB 20576 ～ GB 20599，GB 20601 ～ GB 20602），自 2008 年 1 月 1 日起在生产领域实施，2008 年 12 月 31 日起在流通领域实施，2008 年 1 月 1 日至 2008 年 12 月 31 日为该系列标准的实施过渡期。另外，GHS 中的一个种类"吸入危险性"，在我国还未转化成为国家标准。

2008 年 6 月 18 日，我国发布《化学品安全技术说明书内容和项目顺序》（GB/T 16483—2008），代替《化学品安全资料表　第一部分　内容和项目顺序》（GB/T 17519.1—1998）、《化学品安全技术说明书编写规定》（GB 16483—2000）。2008 年 6 月 19 日，发布《基于 GHS 的化学品标签规范》（GB/T 22234—2008）。

2009 年 6 月 21 日，对应联合国《化学品分类及标记全球协调制度》(GHS) 第二修订版，我国公布《化学品分类和危险性公示通则》（GB 13690—2009），代替《常用危险化学品的分类及标志》（GB 13690—1992），2010 年 5 月 1 日实施，目前该标准已成为我国进行化学品分类管理的基础标准。

第二章

危险化学品安全管理基础知识

第一节 职业卫生概述

一、职业性有害因素

生产工艺过程、劳动过程和工作环境中产生和（或）存在的，对职业人群的健康、安全和作业能力可能造成不良影响的一切条件或要素，统称为职业性有害因素。职业性有害因素是导致职业性损害的致病原，其对健康的影响主要取决于有害因素的性质和接触强度（剂量）。按其来源可分为三类。

1. 生产工艺过程中产生的有害因素

（1）化学性有害因素，包括生产性毒物和生产性粉尘。

（2）物理性有害因素，包括异常气象条件（高温、高湿、低温、高低气压等），噪声、振动、非电离辐射（可见光、紫外线、红外线、射频辐射、激光等）、电离辐射（α 射线、β 射线、γ 射线、X 射线、中子射线等）。

（3）生物性有害因素，如炭疽杆菌、布氏杆菌、森林脑炎病毒、真菌、寄生虫及某些植物性花粉等。

2. 劳动过程中的有害因素

不合理的劳动组织和作息制度，劳动强度过大或生产定额不当，职业心理紧张，个别器官或系统紧张，长时间处于不良体位、姿势或使用不合理的工具等。

3. 工作环境中有害因素

自然环境因素（如太阳辐射）、厂房建筑或布局不符合职业卫生标准（如通风不良、采光照明不足、有毒工段和无毒工段在同一个车间内）和作业环境空气污染等。

二、职业病危害因素

由于职业性有害因素的种类很多，导致职业性病损的范围很广，不可能把所有职业性病损的防治都纳入职业病防治法的调整范围。根据我国的经济发展水平并参考国际通行做法，当务之急是严格控制对劳动者身体健康危害大的几类职业性病损。因此，《职业病防治法》将职业病范围限定于对劳动者身体健康危害大的几类职业性病损，即职业病，并且授权国务院卫生行政部门会同国务院劳动保障行政部门规定、调整并公布。

目前我国的职业病种类为 10 类、115 种，职业病危害因素为 10 类。

三、生产性毒物辨识

在一定的条件下，较小的剂量即可引起机体急性或慢性的病理变化，甚至危及生命的化学物质称为毒物。在生产过程中产生的，存在于工作环境空气中的毒物称为生产性毒物。劳动者在生产劳动过程中过量接触生产性毒物可引起职业中毒。

1. 生产性毒物的来源与存在形态

（1）来源。生产性毒物主要来源于原料、辅助原料、中间产品、成品、副产品、夹杂物或废弃物；有时也可来自热分解产物及反应产物，例如，聚氯乙烯塑料加热至 160～170℃时可以分解产生氯化氢；磷化铝遇湿分解产生磷化氢等。

（2）存在的形态。毒物可以固态、液态、气态或气溶胶的形式存在于生产环境中。

气态毒物是指常温、常压下呈气态的有毒物质，例如氯气、氮氧化物、一氧化碳、硫化氢等刺激性气体和窒息性气体；固态升华、液体蒸发或挥发可形成蒸气，如碘等可经升华、苯可经蒸发而呈气态。凡沸点低、蒸气压大的液体都易产生蒸气，对液体加温、搅拌、通风、超声处理喷雾或增大其液体表面积均可促进蒸发或挥发。

悬浮于空气中的液体微粒称为雾。蒸汽冷凝或液体喷洒可形成雾，如镀铬作业时可产生铬酸雾，喷漆作业时可产生漆雾等。

悬浮于空气中直径小于 0.1 μm 的固体颗粒称为烟。金属熔融时产生的蒸气在空气中迅速冷凝、氧化可形成烟。

能够较长时间悬浮在空气中，其颗粒直径为 0.1～10 μm 的固体颗粒则称为粉尘。固体物质的机械加工、粉碎、粉状物混合、筛分、包装时均可以引起粉尘飞扬。

飘浮在空气中的粉尘、烟和雾统称为气溶胶。

2. 生产性毒物的接触机会

在劳动过程中主要有以下操作或生产环节有机会接触到毒物，

例如原料的开采与提炼，加料和出料；成品的处理、包装；材料的加工、搬运、储存；化学反应控制不当或加料失误而引起冒锅和冲料，储存气态化学物钢瓶的泄漏，作业人员进入反应釜出料和清釜，物料输送管道或出料口发生堵塞，废料的处理和回收，化学物的采样和分析，设备的保养、检修等。

此外，有些作业虽未应用有毒物质，但在一定条件下亦有机会接触到毒物，甚至引起中毒。例如，在有机物堆积且通风不良的场所（地窖、矿井下的废巷、化粪池等）作业接触到的硫化氢，含砷矿渣的酸化或加水处理时接触砷化氢而致急性中毒。

3. 生产性毒物危害的控制原则

生产性毒物种类繁多、接触面广，职业中毒在职业病中占有的比例很大。因此，控制生产性毒物，对预防职业病、保护和增进劳动者身体健康，促进国民经济发展有重大意义。我国在这一方面取得了巨大成就和许多宝贵的经验。为了保证作业场所安全使用有毒物品，预防、控制、消除职业中毒危害，保护劳动者的生命安全、身体健康及其相关权益，依据《职业病防治法》，国务院于 2002 年颁布了《使用有毒物品作业场所劳动保护条例》，为生产性毒物的控制和职业中毒的预防提供了法律保障。

职业中毒的病因是职业环境中的生产性毒物，故预防职业中毒必须采取综合治理措施，从根本上消除、控制或尽可能减少毒物对劳动者的侵害，应当遵循"三级预防"原则，推行"清洁生产"，重点做好前期预防。具体措施可概括为以下几个方面。

（1）根除毒物。从生产工艺流程中消除有毒物质，可用无毒或低毒代替有毒或高毒原料，例如用硅整流器代替汞整流器，用无汞仪表代替有汞仪表，用二甲苯代替苯作为稀释剂等。

（2）降低毒物的浓度。减少人体的接触水平，以保证不对接触者产生明显的健康危害是预防职业中毒的关键。其中心环节是加强技术革新和通风排毒措施，将环境空气中的浓度控制在最高容许浓度以下。

1）技术革新。对产生有毒物质的作业，原则上应当采取密闭生产，消除毒物的逸散的条件。应当用先进的技术和工艺，尽可能采取遥控和程序控制，最大限度地减少操作者接触毒物的机会。例如，手工电焊改为自动电焊；蓄电池生产中，干式铅粉灌注改为灌注铅膏等。

2）通风排毒。在有毒物质的生产过程中，如密闭不严或条件不许可，仍有毒物逸散入作业环境空气时，应采用局部通风排毒系统，将毒物排除。其中最常用的为局部抽出式通风。为了充分发挥其通风排毒效果，应同时做好毒物发生源的密闭和含毒空气的净化处理。常用的局部通风排毒装置有排毒柜、排毒罩及槽边吸风等，根据生产工艺和毒物的理化性质、发生源及生产设备的不同特点，选择合适的排风装置。其基本原则是尽可能靠近毒物的逸散处，既可防止毒物的扩散又不影响生产操作，便于维护检修。经通风排出的毒物，必须经净化处理后方可排出，并注意回收利用，使作业场所有毒物质的浓度达到国家职业卫生标准。

（3）工艺、建筑布局。生产工序的布局不仅要满足生产上的需要，而且应当符合职业卫生要求。有毒物质逸散的作业，应当根据毒物的毒性、浓度和接触人数对作业区实行区分隔离，以免产生叠加影响。有害物质的发生源，应当布置在下风侧；如布置在同一建筑物内时，放散有毒气体的生产工艺过程应布置在建筑物的上层。对容易积存或被吸附的毒物如汞，可产生有毒粉尘飞扬的厂房，建筑物结构表面应当符合有关卫生要求，防止粘积尘毒及二次扬尘。

（4）必要的卫生设施，如盥洗设备、淋浴室、更衣室和个人专用箱。对能经皮肤吸收或局部作用危害大的毒物还应配备皮肤和眼睛的冲洗设施。

（5）个人防护是预防职业中毒的重要辅助措施。个人防护用品包括呼吸防护器、防护帽、防护眼镜、防护面罩、防护服、防护手套和皮肤防护用品。选择个人防护用品应当注意防护用品的针对性、功效性。在使用前，应对使用者进行培训；平时要经常保养、维护，在使用前注意检查，确保其功效得到很好的发挥。

（6）职业卫生服务。健全的职业卫生服务在预防职业中毒中极为重要，职业卫生工作人员除积极参与以上工作外，应当对作业场所空气中毒物的浓度进行定期或不定期的检测、监测；对接触有毒物质的人群实施健康监护，认真做好上岗前、在岗期间的健康检查，排除职业禁忌，及时发现早期的健康病损，并采取有效的预防措施。

（7）职业卫生安全管理。管理制度不全、规章制度执行不严、设备维修不及时及违章操作等常是造成职业中毒的主要原因。因此，采取相应的管理措施来消除职业中毒具有重要作用。用人单位应当依法向安全生产监督管理部门及时、如实申报存在或可能产生的职业中毒危害；从事使用有毒物品作业用人单位在可行性研究阶段应当提交"职业中毒危害预评价报告"，在竣工验收前提供"职业中毒危害控制效果评价报告"等资料，对从事使用高毒物品作业的单位在设计阶段还应当提供职业中毒防护设施设计资料。

卫生行政部门应当对用人单位提供的资料及时做出审核决定并书面通知用人单位。未提交有关资料或未经审核同意的，不得批准该项目的建设、投产和使用。做好管理部门和作业者的职业卫生知识的宣传教育，使职业卫生管理人员行之有效地履行职业卫生管理职责，使有毒作业人员充分享有职业中毒危害的"知情权"，掌握职业中毒防护的基本技能，实现有关部门、人员共同参与的职业中毒危害预防、控制、消除管理体系的建立。

第二节　作业现场个体防护

一、选用防护用品的基本要求

（1）企业应明确劳动防护用品的主管部门，同时明确负责劳动防护用品采购、验收、使用、报废等环节的管理部门及其职责。

（2）企业劳动防护用品的主管部门应负责贯彻执行国家有关劳动防护用品的法律、法规、标准，制定企业的劳动防护用品管理制度和发放标准；组织对企业劳动防护用品的采购、验收、使用、报废进行监督检查；审定劳动防护用品供应商的专业资质和生产许可资质。

（3）企业应保证劳动防护用品的费用支出。

（4）企业采购的劳动防护用品质量及技术指标应符合国家有

关规定和标准要求；采购国家规定的特种防护用品应具有"全国工业产品生产许可证"和"特种劳动防护用品安全标志"。

（5）凡是从事多种作业的人员，应根据各作业类别的具体情况综合考虑潜在的危害，配备防护性能适宜的劳动防护用品。

（6）企业应监督在其区域内进行作业的外部单位及其人员配备相应的劳动防护用品，未配备相应的劳动防护用品的，应停止作业。

二、劳动防护用品的选用和配备

1. 基本原则

企业应组织生产、安全等管理部门的人员以及其他相关人员，对各企业场所进行全面的危险、有害因素辨识，识别作业过程中的潜在危险、有害因素，确定进行各种作业时危险、有害因素的存在形态、分布情况等，并为作业人员选择配备相应的劳动防护用品，且所选用的劳动防护用品的防护性能应与作业环境存在的风险相适应，能满足作业安全的要求。

2. 劳动防护用品的品类及防护作用

（1）头部防护装备：

1）工作帽。防护作用：防头部、擦伤、头发被绞碾。

2）安全帽。防护作用：防御物体对头部造成冲击、刺穿、挤压等伤害。

3）披肩帽。防护作用：防止头部、脸和脖子被散发在空气的微粒污染。

（2）呼吸器官防护装备：

1）防尘口罩。防护作用：用于空气中含氧 19.5% 以上的粉尘作业环境，防止吸入一般性粉尘，防御颗粒物等危害呼吸系统或眼面部。

2）过滤式防毒面具。防护作用：利用净化部件吸附、吸收、催化或过滤等作用除去环境空气中有害物质后作为气源的防护用品。

3）长管式防毒面具。防护作用：使佩戴者呼吸器官与周围空气隔绝，并通过长管得到清洁空气供呼吸的防护用品。

4）空气呼吸器。防护作用：防止吸入对人体有害的毒气、烟雾、悬浮于空气中的有害污染物或在缺氧环境中使用。

（3）眼面部防护装备：

1）一般防护眼镜。防护作用：戴在脸上并紧紧围住眼眶，对眼起一般的防护作用。

2）防冲击护目镜。防护作用：防御铁屑、灰砂、碎石对眼部产生的伤害。

3）防放射性护目镜。防护作用：防御 X 射线、电子流等电离辐射对眼部的伤害。

4）防强光、紫（红）外线护目镜或面罩。防护作用：防止可见光、红外线、紫外线中的一种或几种对眼的伤害。

5）防腐蚀液眼镜、面罩。防护作用：防御酸、碱等有腐蚀性化学液体飞溅对人眼、面部产生的伤害。

6）焊接面罩。防护作用：防御有害弧光、熔融金属飞溅或粉尘等有害因素对眼睛、面部的伤害。

（4）听觉器官防护装备：

1）耳塞。防护作用：防护暴露在强噪声环境中的工作人员的听力受到损伤。

2）耳罩。防护作用：适用于暴露在强噪声环境中的工作人员，以保护听觉、避免噪声过度刺激，在不适合戴耳塞时使用。一般在噪声大于 100 dB（A）时使用。

（5）手部防护装备：

1）普通防护手套。防御摩擦和脏污等普通伤害。

2）防化学品手套。具有防毒性能，防御有毒物质伤害手部。

3）防静电手套。防止静电积聚引起的伤害。

4）耐酸碱手套。用于接触酸（碱）时戴用，免受酸（碱）伤害。

5）防放射性手套。具有防放射性能，防御手部免受放射性伤害。

6）防机械伤害手套。保护手部免受磨损、切割、刺穿等机械伤害。

7）隔热手套。防御手部免受过热或过冷伤害。

8）绝缘手套。使作业人员的手部与带电物体绝缘，免受电流伤害。

9）焊接手套。防御焊接作业的火花、熔融金属、高温金属辐射对手部的伤害。

（6）足部防护装备：

1）防砸鞋。保护脚趾免受冲击或挤压伤害。

2）防刺穿鞋。保护脚底，防足底刺伤。

3）防水胶靴。防水、防滑和耐磨的胶鞋。

4）防寒鞋。鞋体结构与材料都具有防寒保暖作用，防止脚部冻伤。

5）隔热阻燃鞋。防御高温、熔融金属火化和明火等伤害。

6）防静电鞋。鞋底采用静电材料，能及时消除人体静电积累。

7）耐酸碱鞋。在有酸碱及相关化学品作业中穿用，用各种材料或复合型材料做成，保护足部防止化学品飞溅所带来的伤害。

8）防滑鞋。防止滑倒，用于登高或在油渍、钢板、冰上等湿滑地面上行走。

9）绝缘鞋。在电气设备上工作时作为辅助安全用具，防触电伤害。

10）焊接防护鞋。防御焊接作业的火花、熔融金属、高温辐射对足部的伤害。

（7）躯干防护装备：

1）一般防护服。以织物为面料，采用缝制工艺制成的，起一般性防护作用。

2）防静电服。能及时消除本身静电积聚危害，用于可能引发电击、火灾及爆炸危险场所穿用。

3）阻燃防护服。用于作业人员从事有明火、散发火化、在熔融金属附近操作有辐射热和对流热的场合和在有易燃物质并有着火危险的场所穿用，在接触火焰及炙热物体后，一定时间内能阻止本身被点燃、有焰燃烧和阴燃。

4）化学品防护服。防止危险化学品的飞溅和与人体接触对人体造成的伤害。

5）防尘服。透气性织物或材料制成的防止一般性粉尘对皮肤的伤害，能防止静电积聚。

6）防寒服。具有保暖性能，用于冬季室外作业人员或常年低温作业环境人员的防寒。

7）防酸碱服。用于从事酸碱作业人员穿用，具有防酸碱性能。

8）焊接防护服。用于焊接作业，防止作业人员遭受熔融金属飞溅及其热伤害。

9）防水服（雨衣）。以防水橡胶涂覆织物，为面料防御水透过和漏入。

10）防放射性服。具有防放射性性能，防止放射性物质对人体的伤害。

11）绝缘服。可防 7 000 V 以下高电压，用于带电作业时的身体防护。

12）隔热服。防止高温物质接触或热辐射伤害。

（8）坠落防护装备：

1）安全带。用于高处作业、攀登及悬吊作业，保护对象为体重及负重之和最大 100 kg 的使用者，可以减小高处坠落时产生的冲击力、防止坠落者与地面或其他障碍物碰撞、有效控制整个坠落距离。

2）安全网。用来防止人、物坠落，或用来避免、减轻坠落物及物击伤害。

三、劳动防护用品的使用管理

（1）企业应建立劳动防护用品管理档案，并建立从业人员劳动防护用品配发表。

（2）从业人员应按要求配备劳动防护用品，上岗作业时，应按要求正确穿（佩）戴劳动防护用品。

（3）企业应定期对从业人员进行劳动防护用品的正确佩戴和使用培训，保证从业人员 100% 正确使用。

（4）临时工、外来务工及参观、学习、实习等人员应按照规定穿（佩）戴劳动防护用品。外来人员进入现场由企业提供符合安全要求的劳动防护用品，或由企业与进入现场的单位签订相关协议，明确应配备使用的劳动防护用品，并要求进入现场的人员正确穿着或佩戴。

（5）劳动防护用品应在有效期内使用，对已不能起到有效防护作用的劳动防护用品应及时更换；禁止使用过期和报废的劳动防护用品。

四、劳动防护用品的报废

（1）劳动防护用品的报废应按照劳动防护用品的报废程序进行。

（2）符合下述条件之一的劳动防护用品应报废：

1）劳动防护用品在使用或保管储存时遭到破损或变形，影响防护功能的。

2）劳动防护用品达到报废期限的。

3）所选用的劳动防护用品经定期检验或抽查不合格的。

4）使用说明中规定的其他报废条件。

（3）对国家规定应定期进行强检的劳动防护用品，如绝缘鞋、绝缘手套等，应按有效防护功能最低指标和有效使用期的要求，实行强制定检；检测应委托具有检测资质的部门完成，并出具检测合格报告；国家未规定应定期强检的劳动防护用品，如安全帽、防护镜、面罩、安全带等，应按有效防护功能最低指标和有效使用期的要求，对同批次的劳动防护用品定期进行抽样检测。检测合格的方可继续使用，不合格的予以报废处理。

（4）报废后的劳动防护用品应立即封存，建立封存记录，并采取妥善措施予以处理。

第三节　重大危险源辨识

一、重大危险源

1993 年 6 月，第 80 届国际劳工大会通过的《预防重大工业事故公约》将"重大事故"定义为，在重大危害设施内的一项活动过程中出现意外的、突发性的事故，如严重泄漏、火灾或爆炸，其中涉及一种或多种危险物质，并导致对工人、公众或环境造成即刻的或延期的严重危险。

重大危害设施，不论长期地或临时地加工、生产、处理、搬运、使用或储存数量超过临界量的一种或多种危险物质，或多类危险物质的设施，不包括核设施、军事设施以及设施现场之外的非管道的运输。

我国国家标准《重大危险源辨识》（GB 18218—2009）中重大危险源定义为长期地或临时地生产、加工、搬运、使用或储存危险物质，且危险物质的数量等于或超过临界量的单元。单元指一个生产装置、设施或场所，或同属一个工厂的且边缘距离小于500 m 的生产装置、设施或场所。

《安全生产法》规定，重大危险源是指长期地或者临时地生产、搬运、使用或者储存危险物品，且危险物品的数量等于或者超过临界量的单元（包括场所和设施）。

二、重大危险源控制系统的组成

重大危险源控制的目的，不仅是要预防重大事故发生，而且要做到一旦发生事故，能将事故危害限制到最低限度。由于工业活动的复杂性，需要采用系统工程的思想和方法控制重大危险源。重大危险源控制系统主要由以下几个部分组成。

1. 重大危险源辨识

防止重大工业事故发生的第一步，是辨识或确认高危险性的工业设施、危险源。由政府主管部门和权威机构在物质毒性、燃烧、爆炸特性基础上，制定出危险物质及其临界量标准。通过危险物质及其临界量标准，可以确定哪些是可能发生事故的潜在危险源。

2. 重大危险源评价

根据危险物质及其临界量标准进行重大危险源辨识和确认后，就应对其进行风险分析评价。一般来说，重大危险源的风险分析评价包括以下几个方面：

（1）辨识各类危险因素及其原因与机制。

（2）依次评价已辨识的危险事件发生的概率。

（3）评价危险事件的后果。

（4）进行风险评价，即评价危险事件发生概率和发生后果的联合作用。

（5）风险控制。即将上述评价结果与安全目标值进行比较，检查风险值是否达到了可接受水平，否则需进一步采取措施，降低危险水平。

3. 重大危险源管理

企业应对工厂的安全生产负主要责任。在对重大危险源进行辨识和评价后，应针对每一个重大危险源制定出一套严格的安全管理制度，通过技术措施，包括化学品的选择，设施的设计、建造、运转、维修以及有计划的检查和组织措施，包括对人员的培训与指导，提供保证其安全的设备，工作人员水平、工作时间、职责的确定，以及对外部合同工和现场临时工的管理，对重大危险源进行严格控制和管理。

三、重大危险源安全报告

企业应在规定期限内，对已辨识和评价的重大危险源向政府主管部门提交安全报告。如属新建的有重大危害性的设施，则应在其投入运转之前提交安全报告。安全报告应详细说明重大危险源的情况，可能引发事故的危险因素以及前提条件，安全操作和预防失误的控制措施，可能发生的事故类型，事故发生的可能性及后果，限制事故后果的措施，现场事故应急救援预案等。安全报告应根据重大危险源的变化以及新知识和技术进展的情况进行修改和增补，并由政府主管部门经常进行检查和评审。

四、事故应急救援预案

事故应急救援预案是重大危险源控制系统的重要组成部分，企业应负责制定现场事故应急救援预案，并且定期检验和评估现场事故应急救援预案和程序的有效程度，以及在必要时进行修订。场外事故应急救援预案，由政府主管部门根据企业提供的安全报告和有关资料制定。事故应急救援预案的目的是抑制突发事件，减少事故对工人、居民和环境的危害。因此，事故应急救援预案应提出详尽、实用、明确和有效的技术措施与组织措施。政府主管部门应保证将发生事故时要采取的安全措施和正确做法的有关资料散发给可能受事故影响的公众，并保证公众充分了解发生重大事故时的安全措施，一旦发生重大事故，应尽快报警。每隔适当的时间应修订和重新散发事故应急救援预案宣传材料。

五、工厂选址和土地使用规划

政府有关部门应制定综合性的土地使用政策，确保重大危险源与居民区和其他工作场所、机场、水库、其他危险源和公共设施安全隔离。

六、重大危险源的监察

政府主管部门必须派出经过培训的、合格的技术人员定期对重大危险源进行监察、调查、评估和咨询。

七、重大危险源监控办法

（1）重大危险源安全管理档案，应包括以下内容。

1）重大危险源安全评估报告。

2）重大危险源安全管理制度。

3）重大危险源安全管理与监控实施方案。

4）重大危险源监控检查表。

5）重大危险源应急救援预案和演练方案。

6）重大危险源报表。

生产经营单位应当至少每 3 年对本单位的重大危险源组织进行一次安全评估。安全评估工作可以由生产经营单位组织具有国家规定资格条件的安全评估人员进行，也可以委托具备国家规定资质条件的中介机构进行，评估工作结束后，应当出具《重大危险源安全评估报告》。报告应当数据准确，内容完整，建议措施具体可行，结论客观公正。

（2）《重大危险源安全评估报告》，应包括以下内容。

1）安全评估的主要依据。

2）重大危险源的基本情况。

3）危险、有害因素辨识。

4）重大危险源等级。

5）防范事故的对策措施。

6）应急救援预案的评价。

7）评估结论与建议等。

在与重大危险源相关的生产过程、材料、工艺、设备、防护措施和环境等因素发生重大变化，或者国家有关法律、法规、标准发生变化时，生产经营单位应当对重大危险源重新进行安全评估，并将《重大危险源安全评估报告》及时报送安全生产监督管理部门备案。生产经营单位应当在每年 3 月 31 日前填写《重大危险源报表》，报送安全生产监督管理部门备案。对新产生的重大危险源，生产经营单位应当及时报送安全生产监督管理部门备案，对已不构成重大危险源的，生产经营单位应当及时报告安全生产监督管理部门核销。

（3）重大危险源分级应包括以下内容。

按照重大危险源的种类和能量在意外状态下可能发生事故的最严重后果，重大危险源分为以下四级：

1）一级重大危险源，可能造成特别重大事故的。

2）二级重大危险源，可能造成特大事故的。

3）三级重大危险源，可能造成重大事故的。

4）四级重大危险源，可能造成一般事故的。

重大危险源的具体等级认定按照国家有关标准执行。

　　生产经营单位应当成立重大危险源安全管理组织机构，建立健全重大危险源安全管理规章制度，落实重大危险源安全管理与监控责任制度，明确所属各部门和有关人员对重大危险源日常安全管理与监控职责，制定重大危险源安全管理与监控实施方案。生产经营单位的决策机构或主要负责人、个人经营的投资人应当保证重大危险源安全管理与监控所需资金的投入。

　　生产经营单位应当对从业人员进行安全教育和技术培训，使其全面掌握本岗位的安全操作技能和在紧急情况下应当采取的应急措施。生产经营单位应当将重大危险源可能发生事故的应急措施，特别是避险方法书面告知相关单位和人员。

　　生产经营单位应当在重大危险源现场设置明显的安全警示标志，并加强对重大危险源的监控和对有关设备、设施的安全管理。

生产经营单位应当对重大危险源中的工艺参数、危险物质进行定期检测，对重要的设备、设施进行经常性的检测、检验，并做好检测、检验记录。生产经营单位应当对重大危险源的安全状况和防护措施落实情况进行定期检查，做好检查记录，并按季度将检查情况报送安全生产监督管理部门。对存在事故隐患的重大危险源，生产经营单位必须立即整改，对不能立即整改的，必须采取切实可行的安全措施，防止事故发生，并及时报告安全生产监督管理部门。生产经营单位应当制定重大危险源应急救援预案，并报安全生产监督管理部门备案。

（4）应急救援预案应包括以下内容。

1）重大危险源基本情况及周边环境概况。

2）应急机构人员及其职责。

3）应急设备与设施。

4）应急能力评价与资源。

5）应急响应、报警、通信联络方式。

6）事故应急程序与行动方案。

7）事故后的恢复与程序。

8）培训与演练。

生产经营单位应当根据应急救援预案制定演练方案和演练计划，每两年进行一次实战演练或模拟演练，并于演练 10 日前通知安全生产监督管理部门。安全生产监督管理部门应当建立重大危险源监控系统和信息管理系统，对重大危险源实施分级监控，并对各类信息实施动态管理。

（5）安全生产监督检查应包括以下内容。

1）贯彻执行国家有关法律、法规、规章和标准情况。

2）预防生产安全事故措施落实情况。

3）重大危险源的登记建档情况。

4）重大危险源的安全评估、检测、监控情况。

5）重大危险源设备维护、保养和定期检测情况。

6）重大危险源现场安全警示标志设置情况。

7）从业人员的安全培训教育情况。

8）应急救援组织建设和人员配备情况。

9）应急救援预案和演练工作情况。

10）应急救援器材、设备的配备及维护、保养情况。

11）重大危险源日常管理情况。

12）法律、法规、规章规定的其他事项。

安全生产监督管理部门在监督检查中，发现重大危险源存在事故隐患的，应当责令生产经营单位立即排除。在隐患排除前或者排除过程中无法保证安全的，应当责令生产经营单位从危险区域撤出作业人员，暂时停产、停业或者停止使用。

隐患排除后，经安全生产监督管理部门审查同意，方可恢复生产经营和使用。安全生产监督管理部门及负有安全生产监督管理职责的相关部门在监督检查中，应当相互配合、互通情况，并帮助生产经营单位对重大危险源实施有效的管理与监控。

第四节　危险化学品事故应急救援基础管理

危险化学品事故应急救援是近年来国内外开展的一项社会性减灾救灾工作。重大或灾害性化学事故对社会具有极大的危害，而救援工作又涉及众多部门和多种救援队伍的协调配合，危险化学品事故应急救援不同于一般事故的处理，是一项社会性的系统工程，受到政府和有关部门的重视。

一、危险化学品事故应急救援组成

危险化学品事故应急救援是指化学危险物品由于各种原因造成或可能造成众多人员伤亡及其他较大社会危害时，为及时控制危险源，抢救受害人员，指导群众防护和组织撤离，消除危害后果而组织的救援活动。

危险化学品事故应急救援包括事故单位自救和对事故单位以及事故单位周围危害区域的社会救援。其中工程救援和医学救援是应急救援中最主要的两项基本救援任务。

二、危险化学品事故应急救援的基本原则

　　危险化学品事故应急救援工作应在预防为主的前提下，贯彻统一指挥，分级负责，区域为主，单位自救与社会救援相结合的原则。其中预防工作是化学事故应急救援工作的基础，除了平时做好事故的预防工作，避免或减少事故的发生外，还要落实好救援工作的各项准备措施，一旦发生事故就能及时实施救援。危险化学品事故所具有的发生突然，扩散迅速，危害途径多，作用范围广的特点，也决定了救援行动必须达到迅速、准确和有效。因此，救援工作只能实行统一指挥下的分级负责制，以区域为主，并根据事故的发展情况，采取单位自救与社会救援相结合的形式，充分发挥事故单位及地区的优势和作用。

　　危险化学品事故应急救援是一项涉及面广、专业性很强的工作，靠某一个部门是很难完成的，必须把各方面的力量组织起来，形成统一的救援指挥部，在指挥部的统一指挥下，救灾、公安、消防、化工、环保、卫生、劳动等部门密切配合，协同作战，迅速、有效地组织和实施应急救援，尽可能地避免和减少损失。

三、危险化学品事故应急救援的基本任务

1. 控制危险源

及时控制造成事故的危险源是应急救援工作的首要任务，只有及时控制住危险源，防止事故的继续扩展，才能及时、有效地进行救援。特别对发生在城市或人口稠密地区的化学事故，应尽快组织工程抢险队与事故单位技术人员一起及时堵源，控制事故继续扩展。

2. 抢救受害人员

抢救受害人员是应急救援的重要任务。在应急救援行动中，及时、有序、有效地实施现场急救与安全转送伤员是降低伤亡率、减少事故损失的关键。

3. 指导群众防护，组织群众撤离

由于化学事故发生突然、扩散迅速、涉及范围广、危害大，应及时指导和组织群众采取各种措施进行自身防护，并向上风方向迅速撤离出危险区或可能受到危害的区域。在撤离过程中应积极组织群众开展自救和互救工作。

4. 做好现场清消，消除危害后果

对事故外逸的有毒有害物质和可能对人和环境继续造成危害

的物质，应及时组织人员予以清除，消除危害后果，防止对人的继续危害和对环境的污染。

5. 查清事故原因，估算危害程度

事故发生后应及时调查事故的发生原因和事故性质，估算出事故的危害波及范围和危险程度，查明人员伤亡情况，做好事故调查。

四、危险化学品事故应急救援的基本形式

危险化学品事故应急救援工作按事故波及范围及其危害程度，可采取三种不同的救援形式。

1. 事故单位自救

事故单位自救是危险化学品事故应急救援最基本、最重要的救援形式，因为事故单位最了解事故的现场情况，即使事故危害已经扩大到事故单位以外区域，事故单位仍须全力组织自救，特别是尽快控制危险源。

2. 对事故单位的社会救援

对事故单位的社会救援主要是指重大或灾害性化学事故，事故危害虽然局限于事故单位内，但危害程度较大或危害范围已经影响周围邻近地区，依靠本单位以及消防部门的力量不能控制事故或不能及时消除事故后果而组织的社会救援。

3. 对事故单位以外危害区域的社会救援

事故危害超出本事故单位区域，其危害程度较大或事故危害

跨区、县或需要各救援力量协同作战而组织的社会救援。

五、应急救援工作的特点与基本要求

1. 危险性

危险化学品事故应急救援工作处在一个高度危险的环境中，特别是事故原因不明，危险源尚未有效控制的情况下，随时可能造成新的人员伤害。这就要求救援人员树立临危不惧，勇于作战和对人民高度负责的精神。

2. 复杂性

危险化学品事故的复杂性表现在事故原因的复杂性，救援环境的复杂性，以及救援工作具有高度的危险性，这就为实施救援工作带来一定的困难，因此，救援工作必须采取科学的态度和方法，避免蛮干和防止人海战术。在救援过程中发扬灵活机动的战略战术，根据事故原因、环境、气象因素和自身技术、装备条件，科学地实施救援。

3. 突发性

危险化学品事故的突发性使应急救援工作面临任务重，工作突击性强。面对条件差，人手少，任务重情况，要求救援人员发扬不怕苦和连续作战的精神。以最小代价，取得最大的效果。

六、化学事故应急救援程序

1. 接报

接报指接到执行救援的指示或要求救援的报告。接报是实施救援工作的第一步，对成功实施救援起到重要的作用。接报人一般应由总值班担任。接报人应做好以下几项工作：

（1）问清报告人姓名、单位部门和联系电话。

（2）问明事故发生的时间、地点、事故单位、事故原因、主要毒物、事故性质（毒物外溢、爆炸、燃烧）、危害波及范围和程度、对救援的要求，同时做好电话记录。

（3）按救援程序，派出救援队伍。

（4）向上级有关部门报告。

（5）保持与急救队伍的联系，并视事故发展状况，必要时派出后继梯队予以增援。

2. 设点

各救援队伍进入事故现场，选择有利地形（地点）设置现场救援指挥部或救援、急救医疗点。各救援点的位置选择关系到能否有序地开展救援和保护自身的安全。

救援指挥部、救援和医疗急救点的设置应考虑以下几项因素：

（1）地点。应选在上风向的非污染区域，需注意不要远离事故现场，便于指挥和救援工作的实施。

（2）位置。各救援队伍应尽可能在靠近现场救援指挥部的地方设点并随时保持与指挥部的联系。

（3）路段。应选择交通路口，利于救援人员或转送伤员的车辆通行。

（4）条件。指挥部、救援或急救医疗点，可设在室内或室外，应便于人员行动或群众伤员的抢救，同时要尽可能利用原有通讯、水和电等资源，有利救援工作的实施。

（5）标志。指挥部、救援或医疗急救点，均应设置醒目的标志，方便救援人员和伤员识别。悬挂的旗帜应用轻质面料制作，以便救援人员随时掌握现场风向。

3. 报到

指挥各救援队伍进入救援现场后，向现场指挥部报到。其目的是接受任务，了解现场情况，便于统一实施救援工作。

4. 救援

进入现场的救援队伍要尽快按照各自的职责和任务开展工作。

（1）现场救援指挥部。应尽快开通通信网络，查明事故原因和危害程度，制定救援方案，组织指挥救援行动。

（2）侦检队。应快速检测化学危险物品的性质及危害程度，测定出事故的危害区域，提供有关数据。

（3）工程救援队。应尽快堵源，将伤员救离危险区，协助做好群众的撤离和疏散，做好毒物的清消工作。

（4）现场急救医疗队。应尽快将伤员就地简易分型，按类急救和做好安全转送。同时应对救援人员进行医学监护，并为现场救援指挥部提供医学咨询。

5. 撤点

撤点指应急救援工作结束后，离开现场或救援后的临时性转移。在救援行动中应随时注意气象和事故发展的变化，一旦发现所处的区域受到污染或将被污染时，应立即向安全区转移。在转移过程中应注意安全，保持与救援指挥部和各救援队的联系。救援工作结束后，各救援队撤离现场以前须取得现场救援指挥部的同意。撤离前要做好现场的清理工作，并注意安全。

6. 总结

每一次执行救援任务后都应做好救援小结，总结经验与教训，积累资料，以利再战。

第五节　危险化学品事故应急预案与应急演练

一、应急救援预案

危险化学品事故应急救援预案是针对化学危险源而制订的一项应急反应计划。危险化学品事故应急救援工作不仅受到化学危险物品的性质、事故危害程度和危害范围等因素的影响，还与现场的气象、环境等多种因素密切相关。因此，救援工作必须要预先有准备。特别是在平时要认真研制对策，预先制定在各种状态下的应急救援行动方案，一旦发生事故就能快速、有序、有效地实施救援。

1. 制定预案的目的

制定应急救援预案的目的是在发生危险化学品事故时，能以最快的速度发挥最大的效能，有序地实施救援，达到尽快控制事态发展，降低事故造成的危害，减少事故损失。

2. 应急救援预案的基本要求

（1）科学性。危险化学品事故应急救援工作是一项科学性很强的工作，制定预案也必须以科学的态度，在全面调查研究的基础上，实行领导和专家相结合的方式，开展科学分析和论证，制定出严密、统一、完整的应急反应方案，使预案真正具有科学性。

（2）实用性。应急救援预案应符合当地的客观情况，具有实用性，便于操作，起到预有准备的效果。

（3）权威性。救援工作是一项紧急状态下的应急性工作，所制定的应急救援预案应明确救援工作的管理体系，救援行动的组织指挥权限和各级救援组织的职责、任务等一系列的行政性管理规定，保证救援工作的统一指挥。制定后的应急救援预案还应经上级部门批准后才能实施，保证预案具有一定的权威性和法律保障。

3. 制定应急救援预案的基本步骤

（1）调查研究。调查研究是制定应急救援预案的第一步。在制定预案之前，需对预案所涉及的区域进行全面调查。调查内容主要包括化学危险物品的种类、数量、分布状况，当地的气象、地理、环境和人口分布特点，社会公用设施及救援能力与资源现状等。

（2）危险源评估。在制定预案之前，应组织有关领导和专业人员对化学危险源进行科学评估，以确定危险源目标，探讨救援对策，为制定预案提供科学依据。

（3）分析总结。对调查得来的各种资料，组织专人进行分类汇总，做好调查分析和总结，为制定预案做好资料准备。

（4）编制预案。视救援目标的种类和危险度，结合本地区的救援能力，编制相应的应急救援预案。

（5）科学评估。编制的预案需组织专家评审，并经修改完善后，报上级领导审定。

（6）审核实施。预案经上级领导审核批准后，正式颁布实施。

4. 应急救援预案的基本内容

预案可分为国家或区域性的救援预案，以及单位（企业）预案。其基本内容主要包括：

（1）基本情况。

（2）危险目标。

（3）应急救援指挥部的组成、职责和分工。

（4）救援队伍的组成和分工。

（5）报警信号。

（6）化学事故应急处置方案。

（7）有关规定和要求等。

应急救援预案的书写应简明扼要，附有预案的各项平面图和救援程序图。

二、危险化学品事故应急演练方法、基本任务与目标

应急救援训练是指通过一定的方式获得或提高应急救援技能，演习是指按一定程序所开展的救援模拟演练。目的是提高救援人员的技术水平与救援队伍的整体能力，以便在事故的救援行动中达到快速、有序、有效的效果。经常性开展应急救援训练或演习应成为救援队伍的一项重要的日常性工作。

1. 应急救援训练

（1）训练指导思想。应急救援训练的指导思想应以加强基础，突出重点，边练边战，逐步提高为原则。针对突发性化学事故与应急救援工作的特点，从化学危险物品的特征及现有装备的实际

出发，严格训练，严格要求，不断提高队伍的救援能力和综合素质。

（2）训练的基本任务。训练的基本任务是锻炼和提高队伍在突发事故情况下快速抢险堵源、及时营救伤员、正确指导和帮助群众防护或撤离、有效消除危害后果、开展现场急救和伤员转送等应急救援技能和应急反应综合素质，有效降低事故危害，减少事故损失。

（3）训练的基本内容。包括基础训练、专业训练、战术训练和自选科目训练四类。

1）基础训练。基础训练是救援队伍的基本训练内容之一，是确保完成各种救援任务的前提基础。基础训练主要指队列训练、体能训练、防护装备和通信设备的使用训练等内容。训练的目的是救援人员具备良好的战斗意志和作风，熟练掌握个人防护装备的穿戴，通信设备使用等。

2）专业训练。专业技术关系到救援队伍的实战水平，是顺利执行救援任务的关键，也是训练的重要内容。主要包括专业常识、堵源技术、抢运和清消以及现场急救等技术。通过训练使救援队伍具备一定的救援专业技术，有效地发挥救援作用。

3）战术训练。战术训练是救援队伍综合训练的重要内容和各项专业技术的综合运用，提高救援队伍实践能力的必要措施。战术训练可分为班组战术训练和分队战术训练。通过训练，使各级指挥员和救援人员具备良好的组织指挥能力和实际应变能力。

4）自选科目训练。自选科目训练可根据各自的实际情况，选择开展如防化气象、侦检技术、综合演练等项目的训练，进一步提高救援队伍的救援水平。

在开展训练科目时，专职性救援队伍应以社会性救援需要为目标确定训练科目，而单位的兼职救援队应以本单位救援需要，兼顾社会救援的需要确定训练科目。

2. 应急救援演习

应急救援演习是为了提高救援队伍间的协同救援水平和实战能力，检验救援体系的应急救援综合能力和救援工作运作状况，以便发现问题，及时改正，提高救援的实战水平。演习分类演习可分为室内演习和现场演习两类。

（1）室内演习。室内演习又称组织指挥演习，主要检验指挥部门与各救援部门之间的指挥通信联络体系，保证组织指挥的畅通。

（2）现场演习。假设性的实战模拟演习，其中又可根据任务、要求和规模分为单项演习、多项演习和全面综合性演习。在一般情况下，只有搞好单项演练，才能顺利进行下一步的多项或全面综合演习。

1）单项演习。单项演习是针对完成应急救援任务中的某一单科项目而设置的演练，如应急反应能力的演练、救援通信联络的演练、工程抢险项目的演练、现场救护演练、侦检演练等。单项演习属于局部性的演习，也是综合性演习的基础。

2）多项演习。多项演习是指两个或两个以上的单项组合演练，其目的是将各单项救援科目有机结合，增加项目间的协调性和配合性。通常多项演习要在单项演练完成后进行。

3）综合演习。综合演习是最高一级的演习，其目的是训练和检验各救援组织间的协调行动和综合救援能力。

（3）演习的准备与基本要求。为了达到演习的预期效果，在演习前应认真做好演习的准备工作。特别是综合演习，由于涉及多项科目和各救援队伍的协同演练，更应做好周密计划和准备。

演习的准备工作主要有以下几项：

1）制订演习计划。

2）编制演习方案。

3）做好演习前动员。

4）开展分项演练。

5）实施综合预演。

在每一次演练后，均应根据演练的实际情况开展讲评，做好总结工作，并根据演练中出现的问题，及时调整演习方案，以保证演习的成功。

第三章

危险化学品安全技术基础知识

第一节　危险化学品的概念

1. 物质

在自然状态下或通过任何制造过程获得的化学元素及其化合物，包括为保持其稳定性而有必要的任何添加剂和加工过程中产生的任何杂质，但不包括任何不会影响物质稳定性或不会改变其成分的可分离的溶剂。

2. 物品

具有特定形状、外观或设计的物体，这些形状、外观和设计比其化学成分更能决定其功能。

3. 混合物

由两种或多种彼此不发生反应的物质组成的混合物或溶液。

4. 闪点

规定试验条件下施用某种点火源造成液体蒸气闪燃的最低温度（校正至标准大气压 101.3 kPa）。

5. GHS

"化学品分类及标记全球协调制度"（Globally Harmonized System of Classification and Labeling of Chemicals，简称 GHS），它是由联合国出版的作为指导各国控制化学品危害和保护人类与环境的规范性文件。

6. GHS 分类

根据物质或混合物的物理、健康、环境危害特性，按《全球化学品统一分类和标签制度》的分类标准，对物质的危险性进行的分类。

7. 危险化学品

指具有毒害、腐蚀、爆炸、燃烧、助燃等性质，对人体、设施、环境具有危害的剧毒化学品和其他化学品。

8. 物理危险

化学品所具有的爆炸性、燃烧性（易燃或可燃性、自燃性、遇湿易燃性）、自反应性、氧化性、高压气体危险性、金属腐蚀性等危险性。

9. 健康危险

根据已确定的科学方法进行研究，由得到的统计资料证实，接触某种化学品对人员健康造成的急性或慢性危害。

10. 环境危险

化学品进入环境后通过环境蓄积、生物累积、生物转化或化学反应等方式，对环境产生的危害。

11. 危险种类

指物理、健康或环境危险的性质，例如易燃固体、致癌性、口服急性毒性。

12. 危险类别

每个危险种类中的标准划分，如口服急性毒性包括五种危险类别，而易燃液体包括四种危险类别。这些危险类别在一个危险种类内比较危险的严重程度，不可将它们视为较为一般的危险类别比较。

13. 危险说明

对某个危险种类或类别的说明，它们说明一种危险产品的危险性质，在情况适合时还说明其危险程度。

14. 危害性类别

分成如易燃性固体类的物理化学危险性，致癌性物质、经口

剧毒这样的健康有害性，以及对水生环境有害的环境有害性。

15. 危害性级别

根据各种危害性类别内的判断基准的分级。例如：经口急性毒性分为五个级别，易燃性液体分成四个危险级别。这些分级是在危害性类别内，根据危害性的程度而加以相对性的划分，不应当看作一般危害性分级的比较。

16. 标签

关于一种危险产品的一组适当的书面、印刷或图形信息要素，因为与目标部门相关而被选定，它们附于或印刷在一种危险产品的直接容器上或它的外部包装上。

17. 标签要素

统一用于标签上的一类信息，例如象形图、信号词等。

除去污染
使空气净化

（1）象形图。一种图形结构，它可能包括一个符号加上其他图形要素，例如边界、背景图案或颜色，意在传达具体的信息。

（2）产品标识符。标签或安全数据单上用于危险产品的名称或编号。它提供一种唯一的手段使产品使用者能够在特定的使用背景下识别该物质或混合物，例如在运输、消费时或在工作场所。

（3）信号词。标签上用来表明危险的相对严重程度和提醒读者注意潜在危险的词语。GHS使用"危险"和"警告"作为信号词。

18. 化学品标识

用中文和英文分别标明化学品的化学名称或通用名称。名称要求醒目清晰，位于标签的上方。名称应与化学品安全技术说明书中的名称一致。对混合物应标出对其危险性分类有贡献的主要组分的化学名称或通用名、浓度或浓度范围。当需要标出的组分较多时，组分个数以不超过 5 个为宜。对于属于商业机密的成分可以不标明，但应列出其危险性。

第二节　危险化学品分类

一、危险化学品分类原则及依据

1. 危险化学品分类的目的

目前市场上出现的化学品有十几万种，有明确分类的不到4 000 种。为了加强对危险化学品的安全管理，保护环境，保障人民生命财产安全，就有必要对危险化学品进行分类。

危险性鉴别是进行化学品分类前提，而鉴别与分类是化学品管理的基础。

2. 危险化学品的分类原则

一种危险化学品往往具有多种危险性，但是在多种危险性中，必有一种是主要的，即对人类危害最大的危险性。在对危险化学品分类时，应遵循"择重归类"的原则，即根据该化学品的主要危险性来进行分类。

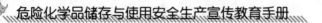

3. 我国危险化学品的分类依据

我国危险化学品分类标准有《危险货物分类和品名编号》（GB 6944—2012）、《危险货物品名表》（GB 12268—2012）及《化学品分类和危险性公示　通则》（GB 13690—2009）。

二、分类

根据《危险货物分类和品名编号》（GB 6944—2012）及《危险货物品名表》（GB 12268—2012），危险化学品可分为以下 9 类。

1. 爆炸品

（1）定义。爆炸品指在外界作用下（如受热、受压、撞击等），能发生剧烈的化学反应，瞬时产生大量的气体和热量，使周围压力急骤上升，发生爆炸，对周围环境造成破坏的物品。同时也包括无整体爆炸危险，但具有燃烧、抛射及较小爆炸危险的物品，或仅产生热、光、音响或烟雾等一种或几种作用的烟火物品。一般指发生化学性爆炸的物品，比如火药、炸药、烟花爆竹等，都属于爆炸品。

（2）分类。按爆炸品的危险程度分为 6 个小类。

1）有整体爆炸危险的物质和物品。

2）有抛射危险，但无整体爆炸危险的物质和物品。

3）有燃烧危险并兼有局部爆炸或局部抛射危险之一，或兼有这两种危险，但无整体爆炸危险的物质和物品。

4）无重大危险的爆炸物质和物品。

5）具体整体爆炸危险但非常不敏感的爆炸物质。

6）无整体爆炸危险且敏感度极低的制品。

2. 压缩、液化或加压溶解气体

（1）定义。常温常压条件下的气态物质（临界温度低于50℃，在50℃时的蒸气压大于300 kPa；或20℃时在101.3 kPa标准压力下完全是气态的物质）经压缩或降温加压后，储存于耐压容器或特制的高绝热耐压容器或装有特殊溶剂的耐压容器中，均属压缩、液化或溶解气体。

（2）分类：

1）易燃气体。泄漏时，遇明火、高温或光照，即会发生燃烧或爆炸的气体。爆炸范围越大，危险程度越高。

2）不燃气体。泄漏时，遇明火不燃。直接吸入人体内无毒、无刺激、没有腐蚀性，但高浓度时，有窒息作用的气体。

注：自身不燃的助燃气体，按氧化剂类危险货物管理。

3）有毒气体。气体泄漏时，对人畜有强烈的毒害、窒息、灼伤、刺激作用的气体。其中有些还具有易燃性或氧化性。

3. 易燃液体

（1）定义。闪点小于等于60.5℃的液体、溶液、乳状悬浮液，以及在等于、高于其闪点温度条件下运输的液体；在高温条件下运输时放出易燃蒸气的液态物质。

（2）分类。易燃液体按闪点分为两级，超过45℃者称可燃液体。为确保安全，闪点在60℃以内的可燃液体也可参照易燃液体的要求来处理。

4. 易燃固体、易自燃或遇水易燃物品

（1）定义。燃点较低，对物理或化学作用敏感，容易引起燃烧的固态物质，称为易燃固体、易自燃或遇水易燃物品。

（2）分类：

1）易燃固体。需明火点燃的固体物品。

2）易自燃物品。不需外来明火点燃，也不需外部热源，而会自行发热燃烧的固体物品。

3）遇水易燃物品。遇水受潮以后分解出易燃气体的固体物品。

5. 氧化剂和有机过氧化剂

（1）定义。在化合价有改变的氧化－还原反应中，由高价变到低价（即得到电子）的物质作氧化剂，具有氧化性，被还原，其产物叫还原产物。

（2）分类：

1）氧化剂。在氧化还原反应中，能释放出性质活泼的原子氧（或比氧活泼的其他元素的原子），本身不一定可燃，但能促使有机物或其他材料进行氧化反应，引起燃烧爆炸的物品。

2）有机过氧化剂。分子组成中含有过氧基的有机物，其本身易燃易爆，极易分解，对热、震动或摩擦极为敏感的物品。

6. 毒害品和感染性物品

（1）定义。毒害品指进入肌体后，累积达一定的量，能与体液和组织发生生物化学作用或生物物理学作用，扰乱或破坏肌体

的正常生理功能，引起暂时性或持久性的病理改变，甚至危及生命的物品。

感染性物品指含有致病的微生物，能引起病态，甚至死亡的物质。

（2）分类：

1）毒害品。具有较强毒性，在运输过程中可能造成人畜中毒或污染环境的毒物。

2）感染性物品。含有致病的微生物，能引起病态甚至死亡的物质。包括基因突变的微生物和生物，生物制品，诊断标本和临床及医疗废物。

7. 放射性物品

（1）定义。一些元素和它们的化合物，能够自原子核内部自行放出穿透力很强而人的感官不能察觉的粒子流（射线），具有这种放射性的物质，称为放射性物品。

（2）分类：

1）α射线。甲种射线，带正电的粒子流。对人体不存在外照射危害，内照射危害大。会由于电离的作用使人体器官和组织受损，且致伤集中，不易恢复。

2）β射线。乙种射线，电子流，带负电，能对人体造成外照射伤害，但容易被有机玻璃、塑料等材料屏蔽。电离作用小，对人体的内照射危害比甲种射线小。

3）γ射线。丙种射线，光子流，穿透力极强，很难完全阻隔和吸收。外照辐射会破坏人体细胞，对有机体造成伤害，不存在内照射危害。

4）中子流。不带电的粒子，原子核的组成部分。中子最容易被含有氢原子的物质和碳氢化合物所吸收，撞击碳、氢原子核发生核反应，对人体的伤害极大，无法用重物质（铅板、建筑物）阻隔。

8. 腐蚀品

（1）定义。凡从包装渗漏出来后，接触人体或其他物品，在短时间内即会在接触的表面发生化学反应或电化学反应，造成明显破坏现象的物品。

（2）分类。以酸碱性为主要标志，再考虑其可燃性。

1）酸性腐蚀品。分为无机酸性腐蚀品和有机酸性腐蚀品。

2）碱性腐蚀品。

3）其他腐蚀品。

9. 其他危险品

某种物品，对某种运输方式有危险，但不属于前8大类危险货物的任何一种。如航空运输中，磁性物品（如移动电话、便携游戏机）；受限的固体或液体（榴莲、大蒜油等）；高温物质等。

第三节 危险化学品的安全使用

一、危险化学品安全使用相关规定

（1）任何单位和个人不得使用国家明令禁止的危险化学品。

（2）使用危险化学品的，应当根据危险化学品的种类、特性，在车间、库房等作业场所检测、通风、防晒、调温、防火、灭火、防爆、泄压、防毒、消毒、中和、防潮、防雷、防静电、防腐、防渗漏、防护围堤或者隔离操作等安全措施、设备，并按照国家标准和规定进行维护、保养，保证符合安全运行条件。

（3）使用剧毒化学品的单位，应当对本单位的生产、储存装置每年进行一次安全评价；使用其他危险化学品的单位，应当对本单位的生产、储存装置每两年进行一次安全评价。

（4）危险化学品的使用单位，应当在储存和使用场所设置通讯、报警装置，并保证任何情况下都处于正常使用状态。

（5）危险化学品必须储存在专用仓库、场地或者专用储存室内，储存方式、方法与储存数量必须符合国家相关标准，并由专人管理。

（6）危险化学品专用仓库应当符合国家标准对安全、消防的要求，设置明显标志。仓库的储存设备和安全设施应当定期检测。

（7）处置废弃危险化学品应依照《固体废物污染环境防治法》

和国家有关规定执行。

（8）遵守《使用有毒物品作业场所劳动保护条例》的有关规定。

（9）危险化学品使用单位转产、停产、停业或者解散的，应当采取有效措施处置危险化学品的储存设备，不得留有事故隐患。处置方案应当报所在地设区的市级人民政府负责危险化学品安全监督管理综合工作的部门和同级环保部门、公安部门备案。

二、使用单位的职责

（1）单位使用的化学品应有标识，危险化学品应有安全标签，并向操作人员提供安全技术说明书。

（2）使用单位购进危险化学品时，必须核对包装（或容器）上的安全标签。安全标签若脱落或损坏，经检查确认后应补贴。

（3）使用单位购进的化学品需要转移或分装到其他容器时，应标明其内容。对于危险化学品在转移或分装后的容器上应贴安全标签；盛装危险化学品的容器在未净化处理前，不得更换原安全标签。

（4）使用单位对工作场所使用的危险化学品产生的危害应定期进行检测和评估，对检测和评估结果应建立档案。作业人员接触的危险化学品浓度不得高于国家规定的标准；暂没有规定的，使用单位应在保证安全作业的情况下使用。

（5）使用单位应通过下列方法，消除、减少和控制工作场所危险化学品产生的危害：

1）选用无毒或低毒的化学替代品。

2）选用可将危害消除或减少到最低限度的技术。

3）采用能消除或降低危害的工程控制措施（如隔离、密闭等）。

4）采用能减少或消除危害的作业制度和作业时间。

5）采用其他的劳动安全卫生措施。

（6）使用单位在危险化学品工作场所应设有急救设施，并提供应急处理的方法。

（7）使用单位应按国家有关规定清除化学废料和清洗盛装危险化学品的废旧容器。

（8）使用单位应对盛装、输送、储存危险化学品的设备，采用颜色、标牌、标签等形式表明其危险性。

（9）使用单位应将危险化学品的有关安全卫生资料向职工公开，教育职工识别安全标签、了解安全技术说明书、掌握必要的应急处理办法和自救措施，并经常对职工进行工作场所安全使用化学品的教育和培训。

三、剧毒品的使用

（1）购买剧毒化学品的规定：

1）生产、科研、医疗等单位经常使用剧毒化学品的，应当向设区的市级人民政府公安部门申请领取购买凭证，凭购买凭证购买。

2）单位临时需要购买剧毒化学品的，应当凭本单位出具的证明(注明品名、数量、用途)向设区的市级人民政府公安部门申请领取准购证，凭准购证购买。

3）个人不得购买农药、灭鼠药、灭虫药以外的剧毒化学品。

（2）剧毒化学品的使用单位，应当对剧毒化学品的购买量、流向、储存量和用途如实记录，并采取必要的保安措施，防止剧毒化学被盗、丢失或误用；发现剧毒化学品被盗、丢失或误用时，必须立即向当地公安部门报告。

（3）剧毒化学品必须在专用仓库内单独存放，实行双人收发、双人保管制度。储存单位应当将储存剧毒化学品的数量、地点以及管理人员的情况，报当地公安部门和负责危险化学品安全监督管理综合工作的部门备案。

四、危险化学品使用安全要求

（1）根据使用需要，规定危险物品的存放时间、地点和最高允许存放量。原料和成品的成分应经化验确认。性质相抵触的物料不得放在同一区域，必须分隔清楚。

（2）使用爆炸物品，必须随用随领，所领取的数量不得超过当班用量，剩余的要及时退回。加工后的起爆炸药，必须单独存放，严禁个人自带、私存炸药和雷管，不得将炸药和雷管用于非生产活动。

（3）使用剧毒物品场所及其操作人员，必须加强安全技术措施和个人防护措施。

1）安全技术措施：

①改革工艺技术，并采用安全的生产条件，防止和减少毒物溢散。

②以密闭、隔离、通风操作代替敞开式操作。

③加强设备管理，杜绝跑、冒、滴、漏。

2）个人防护措施：

①配备专用的劳动防护用品和器具，专人保管，定期检修，保持完好。

②严禁直接接触剧毒用品，不准在生产、使用场所饮食。

③正确穿戴劳动防护用品，工作结束后必须更换工作服、清洗后方可离开作业场所。

④剧毒物品场所，应备有一定数量的应急解毒药品。

3）对中毒人员的抢救，应按有关要求执行。

（4）压缩气体和液化气体（如液氯、液氧、乙炔、液化石油气、氧气、二氧化碳、氮气等）使用时，气瓶内应留有余压，且不低于0.05 MPa，以防止其他物质蹿入。

（5）盛装腐蚀性物品的容器应认真选择，具有氧化性酸类物品不能与金属接触。

（6）易燃液体、易燃固体、自燃物品不能混装，酸类物品严禁与氰化物相遇。

（7）易燃物品的加热禁止使用明火，在高温反应或蒸馏等操作过程中，如必须采用烟道气、有机载体、电热等加热时，应采取严密隔绝措施。

（8）生产、使用危险品的企业，应根据生产过程中的火灾危险和毒害程度，采取必要的排气、通风、泄压、防爆、阻止回火、导除静电、紧急放料和自动报警等措施。

（9）输送有毒有害物料，应采取防止泄漏的措施。

（10）输送固体氧化剂、易燃固体等，应防止摩擦、撞击。

（11）容易发生跑气、跑料的大型易燃、易爆、剧毒物品的装置，应设有能迅速停止进料，防止跑气、跑料的安全措施，并应具有捕集中和、解毒和打捞流失危险物品的方法，避免事态扩大。

（12）凡用于生产水煤气等有毒有害气体的蒸气管道，必须与生活用气管道分开，用途不同的工作气体管道不应连通。

（13）使用过程中所生产的废水、废气、废渣和粉尘的排放，必须符合国家有关排放标准，凡能相互引起化学反应发生新危害的废物，不要混在一起排放。

五、使用危险化学品登记制度

（1）登记内容：

1）使用单位的基本情况。

2）使用的危险化学品品种及数量。

3）使用的危险化学品安全技术说明书和安全标签。

（2）登记程序：

1）登记单位向所在省、自治区、直辖市危险化学品登记办公室领取《危险化学品登记表》，并按要求如实填写。

2）登记单位用书面文件和电子文件向登记办公室提供如下登记材料：

①《危险化学品登记表》一式 3 份和电子版 1 份；

②营业执照复印件 2 份；

③危险化学品安全技术说明书和安全标签 3 份和电子版 1 份。

（3）登记办公室在登记单位提交危险化学品登记材料后的 20 个工作日内对其进行审查，必要时可进行现场核查，对符合要求的危险化学品和登记单位进行登记，将相关数据录入本地区危险化学品管理数据库，向国家登记中心报送登记材料。

（4）登记中心在接到登记办公室报送的登记材料之日起 10 个工作日内，进行必要的审查并将相关数据录入国家危险化学品管理数据库，通过登记办公室向登记单位发放《危险化学品使用单位登记证》。

（5）使用单位终止使用危险化学品时，应当在终止使用后的 3 个月内办理注销登记手续。

六、使用危险化学品管理责任追究

（1）对危险化学品使用依法实施监督管理的有关部门及人员，有违反《危险化学品安全管理条例》规定的，可给予行政处分；触犯刑律的，依法追究刑事责任。

（2）使用、经营国家明令禁止的危险化学品的企业，可责令无害化销毁国家明令禁止的危险化学品，触犯刑律的，依法追究相关人员的刑事责任。

（3）未按规定设置安全设施的危险化学品使用企业，可责令整改、罚款，触犯刑律的，依法追究相关人员刑事责任。

（4）使用单位的储存装置违反《危险化学品安全管理条例》关于储存管理要求的，可责令整改、罚款，触犯刑律的，依法追究相关人员刑事责任。

（5）使用单位违反《危险化学品安全管理条例》关于购买证、准购证管理要求的，可罚款；触犯刑律的，依法追究相关人员刑事责任。

（6）使用单位违反《危险化学品安全管理条例》关于事故救援要求，造成严重后果的，对相关人员依法追究刑事责任。

（7）使用单位发生事故对他人造成损失的，应依法赔偿。

第四节　危险化学品废弃物的处置

危险化学品废弃物是指危险化学品在生产、使用和储存过程中产生的废物。废弃危险化学品，是指未经使用而被所有人抛弃或者放弃的危险化学品，淘汰、伪劣、过期、失效的危险化学品，由公安、海关、质检、工商、农业、安全监管、环保等主管部门在行政管理活动中依法收缴的危险化学品，接收公众上交的危险化学品，以及实验室产生的废弃试剂和污染环境的废弃药品。

盛装废弃化学品的容器和受废弃危险化学品污染的包装物，按照危险废物进行管理。

一、危险化学品废弃物的处理规定

危险化学品在生产、使用和储存过程中产生一定数量的废弃物，有害废弃物处理不当不仅对工人健康有害，还有可能发生火灾和爆炸，而且有害于环境，危害周围的居民。

废弃物及设备的处置方法是依据废弃物性质而定的。对于废弃物所含的危险化学品的种类和数量的识别是采用正确的处置方法的前提。

废弃物的识别应以其已知的来源和主要组分为基础。危险化学品的主要组分应根据产品的记录来确定。当废弃物的危害程度不能确定时，应将其列入最高危险等级。

废弃物的处置应按照国家法规、标准中规定的程序来进行。并符合下列要求：

（1）禁止在危险化学品储存区域内堆积可燃性废弃物。

（2）泄漏或渗漏危险化学品的包装容器迅速转移至安全区域。

（3）所有废弃物应装在特制的有标签的容器内，并运送到指定地点进行废弃处置。

（4）按危险化学品的特性，用化学的或物理的方法处理废弃物品，不得任意抛弃，防止污染水源和环境。

（5）废弃物的处理要有操作规程，有关人员要接受培训。

（6）企业对可能产生的危险化学品废弃物及设备应制定处置计划，并对该计划进行职业安全卫生和环境影响评价。

（7）所有处置过程中污水的排放，废料的处理、运输和填埋以及废气的排空等均应确保作业人员的安全、健康，确保对作业环境和周边环境的保护。

（8）企业应设置废料处置和储存场所，该场所要有足够的场地空间，以防止废料容器混杂在正常的加工和储存场所。

（9）盛装废料的容器在设计和选择时应考虑以下几个方面：鉴别、结构、完整性和保护。

（10）处置过程中应向作业人员提供合适的个体防护用品，并制定相应的个体防护用品使用、维护和管理等方面的制度。

（11）企业在工作场所没有安全装置废料及设备的设施时，应由专门机构按照国家的有关法律法规和标准加以处置。

（12）企业采用焚烧、化学氧化、中和等方法处置废料时，应设置单独的车间。车间的设计、施工、运行和管理应符合国家相关法律法规的要求。

（13）废弃物及容器的处置应接受环境保护管理部门的监督检查。

二、废弃危险化学品的处理

（1）实行减少废弃危险化学品的产生量、安全合理利用废弃危险化学品和无害化处置废弃危险化学品的原则。

（2）国家鼓励、支持采取有利于废弃危险化学品回收利用活动的经济、技术政策和措施，对废弃危险化学品实行充分回收和安全合理利用。国家鼓励、支持集中处置废弃危险化学品，促进废弃危险化学品污染防治产业发展。

（3）国务院环境保护部门对全国废弃危险化学品污染环境的防治工作实施统一监督管理。

（4）禁止任何单位或者个人随意弃置废弃危险化学品。

（5）危险化学品生产者、进口者、销售者、使用者对废弃危险化学品承担污染防治责任。

危险化学品生产者负责自行或者委托有相应经营类别和经营规模的持有危险废物经营许可证的单位，对废弃危险化学品进行回收、利用、处置。危险化学品进口者、销售者、使用者负责委托有相应经营类别和经营规模的持有危险废物经营许可证的单位，对废弃危险化学品进行回收、利用、处置。

（6）危险化学品生产者、进口者、销售者负责向使用者和公众提供废弃危险化学品回收、利用、处置单位和回收、利用处置方法的信息。

（7）产生废弃危险化学品的单位，应当建立危险化学品报废管理制度，制定废弃危险化学品管理计划并依法报环境保护部门备案，建立废弃危险化学品的信息登记档案并向所在地县级以上地方环境保护部门申报废弃危险化学品的种类、品名、成分或组成、特性、产生量、流向、储存、利用、处置情况、化学品安全技术说明书等信息。

三、对收集、储存、利用、处置废弃危险化学品经营活动的要求

（1）从事收集、储存、利用、处置废弃危险化学品经营活动的单位，应当按照国家有关规定向所在地省级以上环境保护部门申领危险废物经营许可证。危险化学品生产单位回收利用、处置与其产品同种的废弃危险化学品的，也应向所在地省级以上环境保护部门申领危险废物经营许可证，并提供符合下列条件的证明材料：

1）具备相应的生产能力和完善的管理制度。

2）具备回收利用、处置该种危险化学品的设施、技术和工艺。

3）具备国家或者地方环境保护标准和安全要求的配套污染治理设施和事故应急救援措施。

（2）回收、利用废弃危险化学品的单位，必须保证回收、利用废弃危险化学品的设施、设备和场所符合国家环境保护有关法律法规及标准的要求，防止产生二次污染；对不能利用的废弃危

险化学品，应当按照国家有关规定进行无害化处置或者承担处置费用。

（3）产生废弃危险化学品的单位委托持有危险废物经营许可证的单位收集、储存、利用、处置废弃危险化学品，应当向其提供废弃危险化学品的品名、数量、成分或组成、特性、化学品安全技术说明书等技术资料。接收单位应当对接受废弃危险化学品进行核实；未经核实的，不得处置；经核实不符的，应当在确定其品种、成分、特性后再进行处置。禁止将废弃危险化学品提供或者委托给无危险废弃物经营许可证的单位从事收集、储存、利用、处置等经营活动。

（4）产生、收集、储存、运输、利用、处置废弃危险化学品的单位，其主要负责人必须保证本单位废弃危险化学品的管理符合有关法律、法规、规章的规定和国家标准的要求，并对本单位废弃危险化学品的环境安全负责。从事废弃危险化学品收集、储存、运输、利用、处置活动的人员，必须接受有关环境保护法律法规、专业技术和应急救援等方面的培训，方可从事该项工作。

（5）产生、收集、储存、运输、利用、处置废弃危险化学品的单位，应当制定废弃危险化学品突发环境事件应急预案并报县级以上环境保护部门备案，建设或配备必要的环境应急设施和设备，并定期进行演练。发生废弃危险化学品事故时，事故责任单位应当立即采取措施消除或者减轻对环境的污染危害，及时通报可能受到污染危害的单位和居民，并按照国家有关事故报告程序的规定，向所在县级以上环境保护部门和有关部门报告，接受调查处理。

（6）对废弃危险化学品的容器和包装物以及收集、储存、运输、

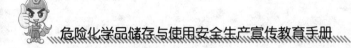

处置废弃危险化学品的设施场所，必须设置危险废物识别标志。

（7）转移废弃危险化学品的，应当按照国家有关规定填报危险废物转移联单；跨设区的市级以上行政区域转移的，并应当依法报经移出地设区的市级以上环境保护部门批准后方可转移。

四、危险化学品生产、储存、使用单位转产、停产、停业或解散后的善后处理

危险化学品的生产、储存、使用单位转产、停产、停业或者解散的，应当按照《危险化学品安全管理条例》有关规定对危险化学品的生产或者储存设备、库存产品及生产原料进行妥善处置，并按照国家有关环境保护标准和规范，对厂区的土壤和地下水进行检测，编制环境风险评估报告，报县级以上环境保护部门备案。对场地造成污染的，应当将环境恢复方案报经县级以上环境保护部门同意后，在环境保护部门规定的期限内对污染场地进行环境恢复。

对污染场地完成环境恢复后，应当委托环境保护监测机构对恢复后的场地进行检测，并将监测报告报县级以上环境保护部门备案。

五、废弃危险化学品处置的基本方法

1. 埋藏法

一般用来处理放射性强度大、半衰期长的放射性废弃危险化学品。

2. 焚烧法

一般用于易燃、可燃物质的废弃危险化学品的处置。

3. 固化法

对难于用其他方法处理，一般不溶于水的物质可与砂土混合，水泥同化后深埋，达到稳定化、无害化、减量化的目的。如三氧化二砷的处理。

4. 化学法

通过氧化还原反应、中和反应等使有毒物质变无害。如氰化钠、废酸碱的处理等。

5. 生物法

通过生物降解来解除毒性。

第四章

危险化学品事故现场处置基础知识

第一节　常用危险化学品事故处置

一、扑救爆炸物品火灾的基本方法

爆炸物品一般都有专门的储存仓库。这类物品由于内部结构含有爆炸性基团，受摩擦、撞击、震动、高温等外界因素诱发，极易发生爆炸，遇明火则更危险。发生爆炸物品火灾时，一般应采取以下基本方法：

（1）迅速判断和查明再次发生爆炸的可能性和危险性，紧紧抓住爆炸后和再次发生爆炸之前的有利时机，采取一切可能的措施，全力制止再次爆炸的发生。

（2）不能用沙土盖压，以免增强爆炸物品爆炸时的威力。

（3）如果有疏散可能，人身安全上确有可靠保障，应迅速组织力量及时疏散着火区域周围的爆炸物品，使着火区周围形成一个隔离带。

（4）扑救爆炸物品堆垛时，水流应采用吊射，避免强力水流直接冲击堆垛，以免堆垛倒塌引起再次爆炸。

（5）灭火人员应积极采取自我保护措施，尽量利用现场的地形、地物作为掩蔽体或尽量采用卧姿等低姿射水，消防车辆不要停靠在离爆炸物品太近的水源处。

（6）灭火人员发现有发生再次爆炸的危险时，应立即向现场指挥报告，现场指挥应迅即作出准确判断，确有发生再次爆炸征兆或危险时，应立即下达撤退命令。

灭火人员看到或听到撤退信号后，应迅速撤至安全地带，来不及撤退时，应就地卧倒。

二、扑救压缩气体和液化气体火灾的基本方法

压缩气体和液化气体总是被储存在不同的容器内，或通过管道输送。其中储存在较小钢瓶内的气体压力较高，受热或受火焰熏烤容易发生爆裂。气体泄漏后遇着火源已形成稳定燃烧时，其发生爆炸或再次爆炸的危险性与可燃气体泄漏未燃时相比要小得多。

遇压缩或液化气体火灾一般应采取以下基本方法：

（1）扑救气体火灾切忌盲目灭火，即使在扑救周围火势以及冷却过程中不小心把泄漏处的火焰扑灭了，在没有采取堵漏措施的情况下，也必须立即用长点火棒将火点燃，使其恢复稳定燃烧。否则大量可燃气体泄漏出来与空气混合，遇着火源就会发生爆炸，后果不堪设想。

（2）首先应扑灭外围被火源引燃的可燃物火势，切断火势蔓延途径，控制燃烧范围，并积极抢救受伤和被困人员。

（3）如果火势中有压力容器或有受到火焰辐射热威胁的压力容器，能疏散的应尽量在水枪的掩护下疏散到安全地带，不能疏散的应部署足够的水枪进行冷却保护。

为防止容器爆裂伤人，进行冷却的人员应尽量采用低姿射水或利用现场坚实的掩蔽体防护。对卧式储罐，冷却人员应选择储罐四侧角作为射水阵地。

（4）如果是输气管道泄漏着火，应首先设法找到气源阀门。阀门完好时，只要关闭气体阀门，火势就会自动熄灭。

（5）储罐或管道泄漏关阀无效时，应根据火势大小判断气体压力和泄漏口的大小及其形状，准备好相应的堵漏材料，如软木塞、橡皮塞、气囊塞、黏合剂、弯管工具等。

（6）堵漏工作准备就绪后，即可用水扑救火势，也可用干粉、二氧化碳灭火，但仍需用水冷却烧烫的罐或管壁。

火扑灭后，应立即用堵漏材料堵漏，同时用雾状水稀释和驱散泄漏出来的气体。

（7）一般情况下完成了堵漏也就完成了灭火工作，但有时一次堵漏不一定能成功。

如果一次堵漏失败，再次堵漏需一定时间，应立即用长点火棒将泄漏处点燃，使其恢复稳定燃烧，以防止较长时间泄漏出来的大量可燃气体与空气混合后形成爆炸性混合物，从而潜伏发生爆炸的危险，并准备再次灭火堵漏。

（8）如果确认泄漏口很大，根本无法堵漏，只需冷却着火容器及其周围容器和可燃物品，控制着火范围，直到燃气燃尽，火势自动熄灭。

（9）现场指挥应密切注意各种危险征兆，遇有火势熄灭后较长时间未能恢复稳定燃烧或受热辐射的容器安全阀火焰变亮耀眼、尖叫、晃动等爆裂征兆时，指挥员必须适时做出准确判断，及时下达撤退命令。现场人员看到或听到事先规定的撤退信号后，应迅速撤退至安全地带。

（10）气体储罐或管道阀门处泄漏着火时，在特殊情况下，只要判断阀门还有效，也可违反常规，先扑灭火势，再关闭阀门。一旦发现关闭已无效，一时又无法堵漏时，应迅即点燃，恢复。

三、扑救易燃液体火灾的基本方法

易燃液体通常也是储存在容器内或用管道输送的。与气体不同的是，液体容器有的密闭，有的敞开，一般都是常压，只有反应锅及输送管道内的液体压力较高。液体不管是否着火，如果发生泄漏或溢出，都将顺着地面流淌或水面漂散，而且，易燃液体还有比重和水溶性等涉及能否用水和普通泡沫扑救的问题以及危险性很大的沸溢和喷溅问题，因此，扑救易燃液体火灾一般应采取以下基本方法：

（1）首先应切断火势蔓延的途径，冷却和疏散受火势威胁的密闭容器和可燃物，控制燃烧范围，并积极抢救受伤和被困人员。

如有液体流淌时，应筑堤（或用围油栏）拦截漂散流淌的易燃液体或挖沟导流。

（2）及时了解和掌握着火液体的品名、相对密度、水溶性以及有无毒害、腐蚀、沸溢、喷溅等危险性，以便采取相应的灭火和防护措施。

（3）对较大的储罐或流淌火灾，应准确判断着火面积。

小面积（一般 50 m^2 以内）液体火灾，一般可用雾状水扑灭。用泡沫、干粉、二氧化碳灭火一般更有效。

大面积液体火灾则必须根据其相对密度、水溶性和燃烧面积大小，选择正确的灭火剂扑救。

比水轻又不溶于水的液体（如汽油、苯等），用直流水、雾状水灭火往往无效。可用普通蛋白泡沫或轻水泡沫扑灭。用干粉扑救时灭火效果要视燃烧面积大小和燃烧条件而定，最好用水冷却罐壁。

比水重又不溶于水的液体（如二硫化碳）起火时可用水扑救，水能覆盖在液面上灭火。用泡沫也有效。用干粉扑救，灭火效果要视燃烧面积大小和燃烧条件而定。最好用水冷却罐壁，降低燃烧强度。

　　具有水溶性的液体（如醇类、酮类等），虽然从理论上讲能用水稀释扑救，但用此法要使液体闪点消失，水必须在溶液中占很大的比例，这不仅需要大量的水，也容易使液体溢出流淌，而普通泡沫又会受到水溶性液体的破坏（如果普通泡沫强度加大，可以减弱火势），因此，最好用抗溶性泡沫扑救。用干粉扑救时，灭火效果要视燃烧面积大小和燃烧条件而定，也需用水冷却罐壁，降低燃烧强度。

　　（4）扑救毒害性、腐蚀性或燃烧产物毒害性较强的易燃液体火灾，扑救人员必须佩戴防护面具，采取防护措施。

　　（5）扑救原油和重油等具有沸溢和喷溅危险的液体火灾，必须注意计算可能发生沸溢、喷溅的时间和观察是否有沸溢、喷溅的征兆。

　　指挥员发现危险征兆时应迅即做出准确判断，及时下达撤退命令，避免造成人员伤亡和装备损失。扑救人员看到或听到统一撤退信号后，应立即撤至安全地带。

　　（6）遇易燃液体管道或储罐泄漏着火，在切断蔓延方向，把火势限制在一定范围内的同时，对输送管道应设法找到并关闭进、出阀门。

　　如果管道阀门已损坏或是储罐泄漏，应迅速准备好堵漏材料，然后先用泡沫、干粉、二氧化碳或雾状水等扑灭地上的流淌火焰，为堵漏扫清障碍，其次再扑灭泄漏口的火焰，并迅速采取堵漏措施。与气体堵漏不同的是，液体一次堵漏失败，可连续堵几

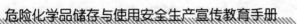

次，只要用泡沫覆盖地面，并堵住液体流淌和控制好周围着火源，不必点燃泄漏口的液体。

四、扑救易燃固体、自燃物品火灾的基本方法

易燃固体、自燃物品一般都可用水和泡沫扑救，相对其他种类的危险化学品而言是比较容易扑救的，只要控制住燃烧范围，逐步扑灭即可。但也有少数易燃固体、自燃物品的扑救方法比较特殊。

（1）二硝基萘、萘等是能升华的易燃固体，受热发出易燃蒸气。火灾时可用雾状水、泡沫扑救并切断火势蔓延途径。但应注意，不能以为明火扑灭即已完成灭火工作，因为受热以后升华的易燃蒸气能在不知不觉中飘逸，在上层与空气能形成爆炸性混合物，尤其是在室内，易发生爆燃。因此，扑救这类物品火灾千万不能被假象所迷惑。在扑救过程中应不时向燃烧区域上空及周围喷射雾状水，并用水浇灭燃烧区域及其周围的一切火源。

（2）黄磷是自燃点很低，在空气中能很快氧化升温并自燃的自燃物品。遇黄磷火灾时，首先应切断火势蔓延途径，控制燃烧范围。对着火的黄磷应用低压水或雾状水扑救。高压直流水冲击能引起黄磷飞溅，导致灾害扩大。黄磷熔融液体流淌时应用泥土、砂袋等筑堤拦截并用雾状水冷却，对磷块和冷却后已固化的黄磷，应用钳子钳入储水容器中。来不及钳时可先用砂土掩盖，但应做好标记，等火势扑灭后，再逐步集中到储水容器中。

（3）少数易燃固体和自燃物品不能用水和泡沫扑救。例如，三硫化二磷、铝粉、烷基铅、保险粉等，应根据具体情况区别处理。宜选用干砂和不用压力喷射的干粉扑救。

五、扑救遇湿易燃物品火灾的基本方法

遇湿易燃物品能和水发生化学反应，产生可燃气体和热量，有时即使没有明火也能自动着火或爆炸，如金属钾、钠以及三乙基铝等。因此，这类物品有一定数量时，绝对禁止用水、泡沫等湿性灭火剂扑救。遇湿易燃物品火灾一般应采取以下基本方法：

（1）首先应了解清楚遇湿易燃物品的品名、数量、是否与其他物品混存、燃烧范围、火势蔓延途径。

（2）如果只有极少量（一般50 g以内）遇湿易燃物品，则不管是否与其他物品混存，仍可用大量的水或泡沫扑救。

水或泡沫刚接触着火点时，短时间内可能会使火势增大，但少量遇湿易燃物品燃尽后，火势很快就会熄灭或减小。

（3）如果遇湿易燃物品数量较多，且未与其他物品混存，则绝对禁止用水或泡沫等湿性灭火剂扑救。

遇湿易燃物品应用干粉、二氧化碳扑救。只有金属钾、钠、铝、镁等个别物品用二氧化碳无效。固体遇湿易燃物品应用水泥、干砂、干粉、硅藻土和蛭石等覆盖。水泥是扑救固体遇湿易燃物品火灾比较容易得到的灭火剂。对遇湿易燃物品中的粉尘如镁粉、铝粉等，切忌喷射有压力的灭火剂，以防止将粉尘吹扬起来，与空气形成爆炸性混合物而导致爆炸发生。

（4）如果其他物品火灾威胁到相邻的遇湿易燃物品，应将遇湿易燃物品迅速疏散，转移至安全地点。

如因遇湿易燃物品较多，一时难以转移，应先用油布或塑料膜等其他防水布将遇湿易燃物品遮盖好，然后再在上面盖上棉被并淋上水。如果遇湿易燃物品堆放处地势不太高，可在其周围用

土筑一道防水堤。

六、扑救氧化剂和有机过氧化物火灾的基本方法

氧化剂和有机过氧化物从灭火角度讲是一个杂类，既有固体、液体、又有气体，既不像遇湿易燃物品一概不能用水和泡沫扑救，也不像易燃固体几乎都可用水和泡沫扑救。有些氧化剂本身不燃，但遇可燃物品或酸碱能着火和爆炸。有机过氧化物本身就能着火、爆炸、危险性特别大，扑救时要注意人员防护。不同的氧化剂和有机过氧化物火灾，有的可用水和泡沫扑救，有的不能用水和泡沫，有的不能用二氧化碳扑救。

因此，扑救氧化剂和有机过氧化物火灾一般应采取以下基本方法：

（1）迅速查明着火或反应的氧化剂和有机过氧化物以及其他燃烧物的品名、数量、主要危险特性、燃烧范围、火势蔓延途径、能否用水或泡沫扑救等信息。

（2）能用水或泡沫扑救时，应尽一切可能切断火势蔓延，使着火区孤立，限制燃烧范围，同时应积极抢救受伤和被困人员。

（3）不能用水、泡沫、二氧化碳扑救时，应用干粉、水泥、干砂覆盖。

用水泥、干砂覆盖应先从着火区域四周，尤其是下风向等火势主要蔓延方向覆盖起，形成孤立火势的隔离带，然后逐步向着火点进逼。

由于大多数氧化剂和有机过氧化物遇酸会发生剧烈反应甚至爆炸，如过氧化钠、过氧化钾、氯酸钾、高锰酸钾、过氧化二苯甲酰等。因此，专门生产、经营、储存、运输、使用这类物品的

单位和场合对泡沫和二氧化碳也应慎用。

七、扑救毒害品、腐蚀品火灾的基本方法

毒害品和腐蚀品对人体都有一定危害。毒害品主要是经口或吸入蒸气或通过皮肤接触引起人体中毒。腐蚀品是通过皮肤接触使人体形成化学灼伤。毒害品、腐蚀品有些本身能着火，有的本身并不着火，但与其他可燃物品接触后能着火。这类物品发生火灾时通常扑救不是很困难，只是需要特别注意人体的防护。遇这类物品火灾一般应采取以下基本方法：

（1）灭火人员必须穿着防护服，佩戴防护面具。一般情况下采取全身防护即可，对有特殊要求的物品火灾，应使用专用防护服。考虑到过滤式防毒面具防毒范围的局限性，在扑救毒害品火灾时应尽量使用隔绝式氧气或空气面具。为了在火场上能正确使用和适应，平时应进行严格的适应性训练。

（2）积极抢救受伤和被困人员，限制燃烧范围。毒害品、腐蚀品火灾极易造成人员伤亡，灭火人员在采取防护措施后，应立即投入寻找和抢救受伤、被困人员的工作，并努力限制燃烧范围。

（3）扑救时应尽量使用低压水流或雾状水，避免腐蚀品、毒害品溅出。

（4）遇毒害品、腐蚀品容器泄漏，在扑灭火势后应采取堵漏措施。腐蚀品需用防腐材料堵漏。

（5）浓硫酸遇水能放出大量的热，会导致沸腾飞溅，需特别注意防护。

扑救浓硫酸与其他可燃物品接触发生的火灾，浓硫酸数量不多时，可用大量低压水快速扑救。如果浓硫酸量很大，应先用二

氧化碳、干粉等灭火，然后再把着火物品与浓硫酸分开。

八、扑救放射性物品火灾的基本方法

放射性物品是能放射出人类肉眼看不见但却能严重损害人类生命和健康的 α、β、γ 射线和中子流的特殊物品。扑救这类物品火灾必须采取特殊的能防护射线照射的措施。平时经营、储存、运输和使用这类物品的单位及消防部门，应配备一定数量防护装备和放射性测试仪器。遇这类物品火灾一般应采取以下基本方法：

（1）先派出精干人员携带放射性测试仪器，测试辐射（剂）量和范围。

测试人员应尽可能地采取防护措施。对辐射剂量超过 0.038 7 C/kg 的区域，应设置写有"危及生命、禁止进入"的文字说明的警告标志牌。对辐射（剂）量小于 0.038 7 C/kg 的区域应设置写有"辐射危险、请勿接近"警告标志牌。测试人员还应进行不间断巡回监测。

（2）对辐射（剂）量大于 0.038 7 C/kg 的区域，灭火人员不能深入辐射源纵深灭火进攻。

对辐射（剂）量小于 0.038 7 C/kg 的区域，可快速出水灭火或用泡沫、二氧化碳、干粉扑救，并积极抢救受伤人员。

（3）对燃烧现场包装没有破坏的放射性物品，可在水枪的掩护下佩戴防护装备设法疏散。

无法疏散时，应就地冷却保护，防止造成新的破损，增加辐射（剂）量。

（4）对已破损的容器切忌搬动或用水流冲击，以防止放射性沾染范围扩大。

第二节　危险化学品人身中毒事故的急救处理

一、人身中毒的途径

在危险化学品的储存、运输、装卸等操作过程中，毒物主要经呼吸道和皮肤进入人体，经消化道者较少。

1. 呼吸道

整个呼吸道都能吸收毒物，尤以肺泡的吸收量最大。肺泡的总面积非常大，而且肺泡壁很薄，表面为含碳酸的液体所湿润，又有丰富的微血管，所以毒物吸收后可直接进入大循环而不经肝

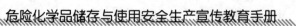

脏解毒。

2. 皮肤

在搬运等操作过程中，毒物能通过皮肤吸收。毒物经皮肤吸收的数量和速度，除与其脂溶性、水溶性、浓度等有关外，皮肤温度升高，出汗增多也能促使黏附于皮肤上的毒物易于吸收。

3. 消化道

操作中，毒物经消化道进入体内的机会较少，主要由于手被毒物污染未彻底清洗而取食食物，或将食物、餐具放在车间内被污染，或误服等。

二、人身中毒的主要临床表现

1. 神经系统

慢性中毒早期常见神经衰弱综合征和精神症状，多属功能性改变，脱离毒物接触后可逐渐恢复。常见于砷、铅等中毒。

锰中毒和一氧化碳中毒后可出现震颤。重症中毒时可发生中毒性脑病及脑水肿。

2. 呼吸系统

一次大量吸入某些气体可突然引起窒息。长期吸入刺激性气体能引起慢性呼吸道炎症，出现鼻炎、鼻中隔穿孔、咽炎、喉炎、气管炎等。吸入大量刺激性气体可引起严重的化学性肺水肿和化学性肺炎。某些毒物可导致哮喘发作,如二异氰酸甲苯酯。

3. 血液系统

许多毒物能对血液系统造成损害,表现为贫血、出血、溶血等。如铅可造成低色素性贫血;苯可造成白细胞和血小板减少,甚至全血减少,成为再生障碍性贫血,苯还可导致白血病;砷化氢可引起急性溶血;亚硝酸盐类及苯的氨基、硝基化合物可引起高铁血红蛋白症;一氧化碳可导致组织缺氧。

4. 消化系统

毒物所致消化系统症状有多种多样。汞盐、三氧化二砷经急性中毒可出现急性胃肠炎;铅及铊中毒出现腹绞痛;四氯化碳、三硝基甲苯可引起急性或慢性肝病。

5. 中毒性肾病

汞、镉、铀、铅、四氯化碳、砷化氢等可能引起肾损害。

此外，生产性毒物还可引起皮肤、眼损害、骨骼病变及烟尘热等。

三、急性中毒的现场急救处理

发生急性中毒事故，应立即将中毒者及时送医院急救。护送者要向院方提供引起中毒原因、毒物名称等，如化学物不明，则需带该物料及呕吐物的样品，以供医院及时检测。

如不能立即到达医院时，可采取急性中毒的现场急救处理。

1. 吸入中毒者

应迅速脱离中毒现场，向上风向转移，至空气新鲜处。松开患者衣领和裤带，并注意保暖。

2. 化学毒物沾染皮肤

应迅速脱去污染的衣服、鞋袜等，用大量流动清水冲洗15~30 min。头面部受污染时，首先注意眼睛的冲洗。

3. 口服中毒者

如为非腐蚀性物质，应立即用催吐方法使毒物吐出。现场可用自己的中指、食指刺激咽部、压舌根的方法催吐，也可由旁人用羽毛或筷子一端扎上棉花刺激咽部催吐。

催吐时尽量低头、身体向前弯曲，防止呕吐物呛入肺部。误服强酸、强碱，催吐后反而使食道、咽喉再次受到严重损伤，可服牛奶、蛋清等方法急救。另外，对失去知觉者，呕吐物会被误吸入肺，误喝了石油类物品，易流入肺部引起肺炎。有抽搐、呼吸困难，神态不清或吸气时有吼声者均不能催吐。

对中毒引起呼吸、心跳停止者，应进行心肺复苏术。主要的方法有口对口人工呼吸和心脏胸外按压术。

参加救护者，必须做好个人防护，进入中毒现场必须戴防毒面具或供氧式防毒面具。

如时间短，对于水溶性毒物，如常见的氯、氨、硫化氢等，可暂用浸湿的毛巾捂住口鼻等。在抢救病人的同时，应想方设法阻断毒物泄漏处，阻止蔓延扩散。

四、危险化学品烧伤的现场抢救

危险化学品具有易燃、易爆、腐蚀、有毒等特点，在生产、储存、运输、使用过程中容易发生燃烧、爆炸等事故。由于热力作用，化学刺激或腐蚀等容易造成皮肤、眼的烧伤，有的化学物质还可以从创面吸收甚至引起全身中毒。所以化学烧伤比开水烫伤或火焰烧伤更要重视。

1. 化学性皮肤烧伤

如发生化学性皮肤烧伤，应立即移离现场，迅速脱去被化学物沾污的衣裤、鞋袜等。

（1）无论酸、碱或其他化学物烧伤，立即用大量流动清水冲洗创面 15~30 min。

（2）新鲜创面上不要任意涂上油膏或红药水，不用脏布包裹。

（3）黄磷烧伤时应用大量水冲洗、浸泡或用多层湿布覆盖创面。

（4）烧伤病人应及时送医院。

（5）烧伤的同时，往往合并骨折、出血等外伤，在现场也应及时处理。

2. 化学性眼烧伤

（1）迅速在现场用流动清水冲洗，千万不要未经冲洗处理而急于送医院。

（2）冲洗时一定要掰开眼皮。

（3）如无冲洗设备，也可把头部埋入清洁盆水中，把眼皮掰开。眼球来回转动洗涤。

（4）电石、生石灰颗粒溅入眼内，应先用蘸石蜡油或植物油的棉签去除颗粒后，再用水冲洗。